KB037626

"훌륭한 엄마와 그렇지 않은 엄마의 차이는
실수를 범하는 데 있는 것이 아니라
그 실수를 어떻게 처리하는 가에 있다"

-도날드 위니콧Donald Winnicott

엄마니까 ___ 느끼는 감정

정신건강의학과 전문의
정우열 지음

엄마니까 —— 느끼는 감정

감정적으로 아이를 대하고 자책하는 엄마들을 위한 심리 치유서

서랍의날씨

다시 엄마 감정을 읽다!

엄마란 이름은 아이가 태어나면서 부여받는 특별한 이름이기도 하지만 동시에 내 자신을 무명으로 만들어버리는 이름이기도 하다. 20~30여 년 동안 불려온 내 이름 대신 아이의 이름 뒤에 '엄마'를 붙여서 만들어진 호칭은 지금까지의 내 모습과는 전혀 다른 정체성을 형성해준다. 자아심리학을 개척한 미국의 심리학자 에릭슨Erikson은 '정체성'이란 용어는 '자신의 내부에서 일관된 동일성을 유지하는 것'과 '다른 사람과의 어떤 본질적인 특성을 지속적으로 공유하는 것' 모두를 의미한다고 말했다.

그런데 엄마로 살다보면 정체성에 대한 후자의 의미는 강해지지만 전자의 의미는 시나브로 잃게 된다. 그럼에도 불구하고 엄마란 이름이 주는 특별하면서도 본능적인 힘으로 최선을 다해 그 역할을 감당한다. 그렇다면 엄마로 사는 것은 과연 행복한가? 이 질문에 대해 별 고민 없이 그렇다고 대답할 수 있는 엄마는 아마도 많지 않을 것이다. 아이가 다른 것에서 결코 느낄 수 없었던 큰 기쁨을 주는 점은 분명한데, 행복하다는 대답이 바로 나오기가 어려운 이유는 무엇일까? 그건 아마도 행복하지 않아서가 아니라 말로 다 표현할 수 없는, 아직 정리가 되지 않은 복잡한 감정들이 뒤죽박죽 엉켜 실타래마냥 나를 지배하고 있기 때문일 것이다.

정신과의사라는 직업 덕분에 만났던 엄마들에 대한 나의 시각은 전업 육아 이후 주양육자로 살며 완전히 뒤바뀌었다. 주양육자로서 겪는 여러 가지 복잡한 감정들을 나도 그녀들처럼 느끼게 되었기 때문이다.

엄마로 살고 있는 친구들이 많아 나의 경험을 공유할 기회가 많지만, 그래도 엄마들은 참 외롭다. 그리고 화가 난다. 아이와 함께하다보면 내 감정이 무엇인지 정확히 파악할 여유도 없이 그 복잡한 감정에 점점 익숙해져 간다. 남편의 행동이 전보다 훨씬 더 마음에 들지가 않고, 심지어 내가 그토록 사랑하는 내 아이 때문에 화가 치밀어 오르는 경험을 하기도 한다. 잠시 뿐일 것이라는 막연한 기대를 하며 외롭고 화가 나는 이유가 무엇인지 나름대로 답을 찾아보려고 노력해

본다.

하지만 답을 찾고 원인을 해소했음에도, 또다시 반복되는 감정의 소용돌이를 경험하며 나는 엄마로서 자격이 없는 것 아닌가 하는 의구심이 들기까지 한다. 마음과는 다르게 자꾸 아이에게 화를 내는 자신을 바라보며 어찌해야 할지 모를 때, 어쩔 수 없이 야근을 하고 회식을 하는 남편을 머리로는 이해하지만 감정적으로 받아들일 수가 없을 때, 평소 별 문제 없다고 여기던 나의 인격에 대한 의구심까지 더해지며 내 자신을 더 괴롭게 하기도 한다.

엄마들은 그래서 더욱 마음을 붙잡아줄 사람이 필요하다. 친구에게 위로받고 싶지만 아이를 키우는 친구는 그럴 만한 여유가 없고, 육아를 경험해보지 않은 친구의 한마디는 솔직히 별로 도움이 되지 않는다. 가장 의지하고 사랑하는 남편조차도 내 상황을 겪어보지 않았기에 나를 붙잡아주기는커녕 엄마로서의 나를 이해하는 정도가 턱없이 부족한 느낌이다. 베스트 프렌드도 남편도 나를 이해하고 위로해줄 수 없다니, 그런 면에서 엄마는 외톨이나 다름없다.

엄마가 되고 나서야 느끼는 외톨이 감정은, 나를 그렇게 만든 주변 사람들에 대한 분노로 이어진다. 이러한 분노를 마음껏 배출하고 싶지만 아이와 함께하다보면 본능적으로 자제하게 된다. 해소되지 않은 상태에서 분노는 점점 쌓이고, 분노의 감정은 내리막길을 타고 가기에 가장 만만한 아이에게 표출된다. 하지만 얼마 지나지 않아 다시 죄책감에 시달린다.

그뿐인가. 엄마들에게는 과도기마저 허락되지 않았다. 소중한 결혼 준비시기를 '스드메'에 허비하느라 정작 중요한 엄마가 될 준비를 하지 못하고 임신을 하게 된다. 엄마가 될 준비를 할 여유도 없이 태교 전선으로 뛰어들어 태교를 위해 좋다는 것은 닥치는 대로 하고, 그렇게 갑작스레 엄마 역할을 떠맡는다. 리허설은커녕 대본조차 본 적 없이 맞이하는 엄마의 삶은 참 낯설고 불안하기만 하다. 선배 엄마들에게 물어본들 다 그런 것이라고 시간이 약이라는 이야기만 할 뿐, 어느 누구 하나 의지할 만한 사람이 없다. 엄마의 삶을 공감받고 싶어서 SNS를 기웃거리지만 깔끔한 살림은 기본이고 엄마표 음식, 엄마표 놀이까지 매일 업데이트되는 것을 보며 자괴감을 느낀다.

엄마로 사는 것은 누구에게나 힘들다. 단언컨대, 엄마로 산다는 것은 그 어떤 삶보다도 다양하고 복잡하다. 타고난 내 아이의 기질을 경험해보지 않은, 나아가 내가 어릴 적 부모에게 받았던 양육 스타일을 경험해보지 않은 그 어느 누구도 겉으로 보이는 엄마된 나의 모습만을 보고 판단할 수 없고 판단해서도 안 된다. 다 놔버리고 싶은 순간이 오더라도 그 순간은 더 좋은 엄마로 성장하는 과정일 뿐이지 결코 실패한 엄마는 아니다.

나는 엄마들을 상담하는 정신과의사이자, 두 아이의 주양육자로서 매일 엄마들을 만난다. 상담을 하면서 늘 깨닫는 게 있다면, 아이를 사랑하는 마음과 자신을 사랑하는 마음의 균형이 가장 중요하다는 점이다.

엄마로 사는 동안 점점 복잡해지는 감정을 마주하며 괴로워하는 분들이 '나만 이런 건 아니구나'라고 공감하며 위로받길 바라는 마음으로 개정판을 냈다. 제목과 목차는 물론 내용들도 수정하고 보완했다.

이 책을 통해 많은 엄마들이 엄마라는 이유만으로 그동안 묻어두어야만 했던 여러 가지 감정들을 하나하나 발견하고, 스스로 인정하고 받아들여 있는 모습 그대로 엄마 된 자신을 사랑하기를 바란다.

2020년 4월

정우열

CONTENTS

CHAPTER 01.

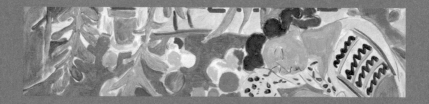

GOOD

ENOUGH

MOTHER

오늘도 _____
아이에게 미안했다면

Henri Matisse, 「Still Life with a Sleeping Woman」, 1939~1940

매일 죄책감에
시달려요

<u>매일매일 죄책감에 시달리는 엄마들</u>

워킹맘인 승우 엄마는 아이가 백일이 지나고 나서부터 지금
까지 죄책감 때문에 매일이 괴롭다. 그녀는 18개월 된 승우가
남들보다 병치레가 잦은 것은 모유수유를 한 달밖에 하지 못
한 자신의 잘못같이 느껴졌다. 또 승우가 밥을 잘 먹지 않고
발육이 느린 것 또한 음식 솜씨도 없고 게으르기까지 한 자신
의 잘못인 것 같았다. 승우가 예민하고 정서적으로 불안정해
보이는 것 또한 워킹맘인 자신의 잘못인 것 같다.

그뿐이 아니다. 승우가 사달라는 것이나 여러 가지 육아
용품 교구 등을 사주지 못하는 것 또한 다른 엄마들처럼 돈을
많이 벌지 못하는 자신의 잘못처럼 느껴졌다. 요즘 말로 말하
면 '기승전, 엄마잘못'이다.

이런 식으로 인과관계가 불분명한 일로 부적절한 죄책감을 가지고 있는 엄마들이 많다. 이런 엄마들은 무리해서까지 아이의 요구를 들어준다. 무리하다보면 결국 균형이 무너지는 지점에 다다르고, 그때엔 죄책감과는 반대로 분노의 감정을 느낀다. 그리고 반드시 분노를 아이에게 표출한다.

아이의 사소한 잘못된 행동을 견디지 못해 소리 지르고, 밤에는 조용히 잠든 아이를 바라보며 소리 지른 것에 대한 죄책감 때문에 괴로워서 눈물을 흘린다. 마치 고해성사를 하듯이 미안하다 잘못했다는 말을 쏟아내며 내일부턴 절대로 그러지 않겠다고 다짐한다. 하지만 다음 날이 되면 미안한 생각이 들면서도 다시 분노의 감정이 일고 똑같은 행동을 반복한다.

꼬리에 꼬리를 무는 죄책감

나는 가벼운 감기 증상만으로는 아이를 바로 소아과에 데려가지 않는다. 다행히 애들도 튼튼하게 자라서 병원에 갈 일도 별로 없었다. 언젠가 둘째가 일주일 정도 기침을 계속했지만 다른 건 문제없고 기침도 점점 나아지는 추세여서 병원에 데리고 가지 않았다. 그런데 내가 일하는 동안 둘째를 돌보던 부모님께서 기침이 심하다며 아이를 병원에 데려가신 것이다. 진찰을 마친 의사는 폐렴으로 넘어갈 뻔했다고 겁을 잔뜩 줬다고 한다. 같은 의사 입장에서 어떤 취지로 한 말인지는 알지만, 발달 시기적으로 한창 예민하고 떼쓰는 첫째 때문에 둘째를 등한시한 건 아닌가 하는 생각에 죄책감이 들었다.

그날 일을 마치고 둘째를 데리러 가서 보니 우려와는 달리 컨디션이 좋아 보였다. 마침 부모님이 첫째를 많이 보고 싶어 하셔서 둘째를 데려오고 첫째를 다시 맡겼다. 그런데 밤에 어머니로부터 문자가 왔다. 첫째가 저녁에 설사 두 번, 구토도 한 번 했다는 것이다. 여태까지 설사 한 번 안 한 첫째였는데, 구토까지 동반되는 걸 보니 장염이 아닌가 싶었다. 소아과의사인 동생에게 전화했더니 여태 장염 한 번 앓지 않은 게 용하다고 했다. 하지만 둘째 문제로 죄책감이 든 날이라 그런지 죄책감은 배로 느껴졌다.

죄책감은 여기에서 끝나지 않았다. 혹시나 첫째가 다른 아이들에게 장염을 옮기진 않았나 하는 생각에 어린이집 엄마들 카톡창에 아픈 아이가 없는지 물어봤다. 한 엄마가 자기 아이가 이틀 전부터 설사를 했는데 옮긴 것 같다며 미안해했다. 미안해하는 엄마에게 나도 미안한 마음이 들어, 아마 그 친구에게 옮은 것은 아닐 거라고 말하는데 마침 어젯밤

일이 생각났다. 더워하는 것 같아서 첫째를 홀딱 벗겨서 기저귀만 입힌 채 에어컨을 틀고 잤던 것이다. 생각해보니 하필 첫째가 잠들어 있던 위치는 에어컨 바람이 그대로 떨어지는 자리였다.

'결국 나 때문에 아이가 아픈 거구나.'

다른 엄마의 미안함을 덜어주려고 다른 원인을 생각하다 보니, 인과관계가 불분명해도 이런 식으로 죄책감은 더 심해졌다.

도덕적인 엄마일수록 죄책감이 크다

엄마가 죄책감을 가지는 것은 일종의 도덕적 자학 행동이다. 엄마들은 '우리 아이는 나 아니면 안 돼'라는 지나친 자기 과대적 생각을 하면서도, 동시에 '왜 나 같은 엄마를 만나서…'라는 죄책감도 같이 갖고 있다. 이러한 상반된 마음은 어릴 적 경험한 엄마에 대한 마음과도 비슷하다. '우리 엄마는 참 좋은 엄마야' '우리 엄마는 나쁜 엄마야'라는 양가감정이 해결되지 않고 남아 있을 때, 후자의 경우 엄마를 평가절하하고 증오했다는 죄책감을 가진다. 그러한 죄책감을 씻기 위해 소소한 일로 죄책감에 시달리는 엄마의 삶을 사는 식으로 자학적 행위를 하는 것이다.

엄마가 죄책감을 가지는 것은 사실 엄마로서의 자존감에 상처를 입히는 일이다. 무의식적으로 자기를 희생하면서까지 엄마의 역할을 함으로써 도덕적으로 우위에 서고, 그만큼 자기가 중요한 존재라고 생각하는 갈등 해결 방식을 택한다. 하지만 지나치게 자기를 희생하면서 엄마 역할을 하다보면 엄마도 사람이기에 그만큼 분노가 쌓이고, 결국은 아이에게 그 분노는 돌아간다.

엄마로 살다보면 아이에게 상처를 줄 수도 있다

분명 아이를 돌보는 건 행복한 일이면서 동시에 힘들고 짜증이 나는 일이다. 2010년 서울대학교 아동가족학과에서 만 5세 이하 자녀를 둔 엄마 3,070명을 대상으로 시행한 '대한민국 엄마 파이팅' 연구 결과를 살펴봐도 알 수 있다. 엄마들이 일상에서 가장 행복하다고 느낄 때가 '자녀를 돌볼 때'였고, 가장 우울하고 피곤하다고 느낄 때 역시 '자녀를 돌볼 때'였다. 아이를 돌보며 생각과 감정이 복잡해지는 것은 어쩌면 당연하다. 하지만 생각과 감정이 복잡해지다보면 객관성을 잃고, 개연성 없는 일을 개연성 있게 받아들인 나머지 죄책감을 가지기 쉬운 마음 상태가 된다. 부적절한 죄책감은 엄마로서의 능력 자체에도 지장을 주고, 아이에 대한 부정적 인식으로까지 이어지기 때문에 불필요하다.

엄마로 살다보면 마음과는 다르게 아이에게 상처를 주는 행동을 할 때가 자주 생긴다. 평소엔 아이의 마음을 이해하려 노력하고 마음을 잘 추스르며 견디다가도, 엄마의 마음 상태나 컨디션이 좋지 않은 날엔 소리를 지르고 손찌검을 하기도 한다. 하지만 평상심을 회복한 후에는 아이가 상처 받았을까 봐, 또 정서적 발달에 지장을 줄까 봐 전전긍긍한다.

다행인 것은 아이가 한 번 마음의 상처를 받았다 해서, 성장한 후에 그 상처 때문에 반드시 고통을 받는 것은 아니라는 점이다. 만약 그렇다면 우리 모두 상처투성이로 지내야 할 것이다. 아이에게는 회복 탄력성이 있기 때문에 대략 75퍼센트 정도는 스스로 이겨낼 수 있고, 25퍼센트 정도는 상처로 남아 성인이 된 후에도 그 상처에 대해 취약할 수 있기는 하다. 마음의 상처가 뇌 호르몬과 구조에 영향을 미치기 때문이다.

아이에게 상처를 주는 행동 자체보다도 그 행동이 가끔 하는 행동인지 꾸준히 반복하는 행동인지 파악하는 것이 중요하다. 마음에 상처를 주는 패턴이 반복되면 스트레스 처리 뇌 회로가 적절하게 발달하지 못해 스트레스에 취약한 뇌로 만들 수 있다. 하지만 엄마가 아이에게 짜증을 내고 소리를 지르더라도 자주 반복되지 않으면 아이의 마음에 미치는 영향은 미미하다.

적당히 좋은 엄마가 되면 된다

아이에게 상처를 주는 행동보다 그로 인해 엄마 스스로가 상처를 받는 것이 아이를 키울 때는 더 좋지 않다. 다른 말로 하면 양육 죄책감이라고 한다. 양육 죄책감은 현재 엄마로서의 양육 행동이 자기가 생각하는 이상적인 양육 행동에 미치지 못할 경우에 유발되고, 긴장이나 후회, 양심의 가책 등을 일으킨다. 거기에서 그치지 않고 아이에 대한 과잉보호나 회피 및 공격적 양육이라는 상반된 형태로도 나타난다.

과잉보호를 받은 아이는 의존적이거나 소극적이고 원만한 상호작용을 친구들과 맺지 못해 사회 적응을 어려워한다.

반대로 회피적이거나 공격적인 양육을 받은 아이는 적대적, 퇴행적, 수동적이 되기도 한다.

엄마라면 그저 아이를 바라보기만 해도 갑자기 눈물이 나며 동시에 이유 없이 죄책감이 느껴질 때가 있는데, 이를 극복하려면 어떻게 해야 할까? 그냥 적당히 좋은 엄마가 되면 된다. 100점 엄마가 아닌 80점 엄마를 목표로 하면 된다.

도날드 위니콧Donald Winnicott은 안정적인 애착 형성을 위해 필요한 엄마를 '충분히 좋은 엄마Good-enough mother'라고 일컬었다. 여기에서 충분하다는 말은 완벽하다는 뜻이 아니다. 흔히 '그 정도면 충분하다'라는 말을 언제 쓰는지 생각해보면 '그 정도면 된다', 즉 웬만큼만 하면 된다는 뜻이다. 전반적으로 좋은 엄마가 되면 된다. 마가렛 말러Margaret Mahler에 따르면 아이는 만 3살이 지나면 '어떨 땐 실망스럽지만 우리 엄마는 전체적으로 좋은 사람이야'라고 받아들일 수 있는 능력이 생긴다고 한다.

나 역시도 첫째에게 부모로서 좋은 모습만 보여주는 것은 아니다. 한번은 아이가 물통으로 물을 먹으며 안아달라고 해서 안아줬는데 물을 내 등 뒤로 계속 흘렸다. 물을 쏟는 재미 때문에 아빠 옷을 홀딱 적시는 줄 알고 하지 말라고 했는데도 계속하기에 '하지 말라고!'라며 언성을 높이고 말았다.

첫째를 내려놓고 표정을 보니 무엇을 잘못했는지 모르는 듯 멍한 표정이었다. 혹시나 해서 물통을 살펴보니 뚜껑이 제대로 잠겨 있지 않았다. 내가 물통을 잘못 잠그고는 아이가 물을 쏟는다고 오해한 것이다. 아이에게 아빠가 물통을 잘못 잠가서 정말 미안하다고 진심으로 말하자, 쿨한 우리 첫째는 '괜찮아!'라고 말했다. 100프로 내 잘못이었기에 곧바로 사과하고 나니 신기하게도 죄책감을 함께 털어버릴 수 있었다.

위니콧은 '훌륭한 엄마와 그렇지 않은 엄마의 차이는 실수를 범하는 데 있는 것이 아니라 그 실수를 어떻게 처리하는가에 있다'라고 말했다. 아이에게 실수로 잘못을 했다면 바로 사과하면 된다. 아이는 엄마를 잘 용서해준다. 전반적으로 당신은 충분히 좋은 엄마이기 때문이다.

아이에게 분노 조절이
되지 않아요

재원이 엄마는 출산 후 3년 동안 재원이를 잘 키우기 위해 지극 정성을 다했다. 세 돌까지 어린이집에 보내지 않고 혼자서 육아를 담당했고, 주변 엄마들은 그 모습에 존경심을 보이기도 했다. 하지만 자신의 노력에도 불구하고 재원이가 어린이집에 적응하지 못하고 등원을 거부하자 불안해지기 시작했다. 처음에는 다들 그런다기에 기다려보았지만 하루하루 지날수록 조바심이 나서 견디기가 힘들었다. 그것이 촉매가 되었는지 그동안 억압해온 불안감이 올라오기 시작했다.

아이가 아침마다 떼쓰면서 등원을 거부하면 처음엔 어르고 달래다가 갑자기 화를 주체할 수 없을 때는 소리를 지르기도 했다. 정신을 차린 뒤에는 죄책감에 울었다. 재원이 엄마는 왜 화를 주체할 수 없었을까? 근본적인 원인은 억압된 감정 때문이다.

억압된 감정이 분노를 일으키다

재원이 엄마의 부모는 그녀의 오빠가 의과대학에 가기를 바랐다. 부모님의 심리적 압박 때문인지 오빠는 고등학생이 되어 소위 문제아로 변해갔다. 그녀는 오빠 때문에 집안 분위기가 좋지 않아 늘 마음을 졸였고, 부모님 눈치를 보면서도 피해보는 사람은 자신이라는 생각에 화가 나곤 했다. 하지만 이런 집안 분위기에서 자신이 불만을 표현한다는 건 스스로도 용납이 되지 않았다. 그때부터 억압된 감정은 심리적 갈등을 유발했고, 그로 인한 불안은 꽤 오랫동안 그녀를 괴롭혔다. 그리고 재원이의 어린이집 적응 실패를 촉매로 더 이상 감당할 수 없는 지경이 된 것이다.

부모가 자기 오빠에게 하듯이 재원이를 키우지는 않겠다고 결심했지만, 어린이집에 적응하지 못하는 모습을 보면서 친정 오빠에 대한 억압된 감정이 아이에게 표출되고 만 것이다. 그녀는 상담을 통해 분노의 원인을 깨닫고 나서 조금씩 억압된 감정을 이해하고 해소하면서 아이에 대한 분노를 해결할 수 있었다. 그녀가 마음을 잡고 전보다 편안한 마음가짐으로 어린이집에 데려다주는 태도를 취하니 아이도 점점 적응하기 시작했다.

감정을 억압할수록 분노는 활개친다

엄마가 아이에게 화를 내면 안 된다고 사람들은 말한다. 그럼 엄마는 화를 참다가 화병이 나도 괜찮다는 말인가? 아이를 키우며 화 한 번 안 낸 엄마가 과연 있을까? 분노를 포함한 모든 감정은 자연스러운 것이기에 그것 자체를 탓하면 안 된다.

아이가 잘못된 행동을 반복할 때에 화를 내고 소리 지르는 부모도 있고, 바로 손이 올라가는 부모도 있다. 두 경우 모두 분노의 감정은 비슷하지만 그 감정의 정도는 다르다. 그 차이는 감정이 억압된 정도의 차이 때문인 경우가 많다.

감정은 그때그때 적절히 표출하지 못하면 쌓인다. 평소 남편에 대한 불만이 있어도 부부싸움을 하면 아이들에게 좋지 않은 영향을 미칠까 봐 제대로 표현 한 번 못 하다가, 그 불만을 자기도 모르게 아이들에게 표출하는 엄마들이 많다. 그리고 그날 밤 바로 자책하고 무기력감에 빠지고, 다음 날 또 반복하는 악순환을 반복한다.

분노의 감정이 일어날 때에는 분노의 원인을 이해해야 한다. 그래야 억압된 감정 때문에 엉뚱하게 아이에게 화풀이를 하는 실수를 줄일 수 있다. 감정, 생각, 행동은 유기적으로 연결되어 있지만, 시작은 감정인 경우가 많다. 그러므로 감정을 이해하고 관찰하는 것이 분노 관리의 핵심이다. 감정을 관찰하고 이해하는 것은 감정에 빠져 있는 것이 아니라, 제3자 입장에서 감정을 객관적으로 바라본다는 것이다.

자기 감정에 대해 확신이 없는 엄마

1996년 이탈리아 파르마대학교 지아코모 리촐라티 연구팀에 의해 처음 발견된 '거울 신경 세포'라는 것이 있다. 이것은 타인의 감정을 자신의 감정처럼 느끼는 데에 작용하는 세포이다. 내가 어떤 행동을 할 때에 작용하는 뉴런은 다른 사람의 그 행동만 봐도 똑같이 반응해서 같은 느낌을 갖게 한다. 그렇기 때문에 공감 능력과 관련이 있다. 많은 엄마들은 아이가 다친 것만 봐도 마음이 아픈 공감 능력을 가지고 있다.

하지만 어릴 적 애착 관계가 잘 형성되지 않은 엄마는 거울 신경 세포가 제대로 발달되지 않아, 아이의 표정과 행동이 무엇을 의미하는지 모르고 자기가 한 반응이 적절한 것인지 확신도 없어 혼란스러워 한다. 아기였을 때 자신의 엄마가 자신을 보고 웃어주거나 달래주지 않은 적절한 반응을 경험하지 못해, 자기 감정에 대한 확신을 가지지 못하는 것이다. 자기 감정을 인식하는 것도 안 되고 표현하는 것도 어려워, 나른 사람의 감정을 읽는 것도 확신이 없다. 결국 오해하고 분노하게 된다. 한 예로, 어떤 상황에서 아이가 울면 '얘가 대체 왜 울지? 내가 어떻게 해야 하지? 나 보고 어쩌라고?' 등의 생각을 하고, 그때마다 다른 엄마들보다 더 스트레스를 받는다.

아이 감정이 아닌 엄마 감정 제대로 알기

그렇다면 나의 어릴 적 애착 형성 여부와 상관없이, 당장 내 아이의 감정을 읽는 데에 도무지 자신이 없다면 어떻게 해야 할까? 그럴 때엔 엄마 자신의 '초감정'을 알려고 노력하면 된다. 초감정은 1996년 가족치료 전문가 존 가트맨John Gottman이 정의 내린 개념으로 '감정을 해석하는 감정, 감정에 대한 감정, 감정에 대한 생각과 태도' 등을 말한다. 아이가 우는 건 슬프거나 불편하거나 등의 아이 감정인데, 그걸 본 엄마는 짜증과 분노의 감정을 느끼는 경우가 많다.

이처럼 아이에 대한 엄마의 반응은 무의식적으로 나오는 감정이다. 때문에 아이의 감정을 있는 그대로 공감해주기 위해선 먼저 엄마 자신의 초감정을 알아야 한다. 그러려면 엄마 자신이 아이에게 하는 감정 표현 중에서 자주 하는 표현, 또는 전혀 하지 않는 표현이 무엇인지 아는 게 도움이 된다. 엄마의 초감정을 알면 '아 내가 이럴 때 아이에게 이렇게 표현하는구나, 이래서 내가 화를 내는구나, 아이의 감정이 아닌 내 감정 때문에 이러는구나'를 알게 된다. 알고 나면 아이의 감정에 반응하는 태도가 달라진다.

미해결된 감정이 분노를 일으킨다

이러한 초감정은 대부분 성장기 동안 미해결된 감정에서 비롯된다. 어릴 때 해결되지 못한 감정은 초감정에 부정적인 영향을 미친다. 사람은 자신의 미해결된 감정이 떠오를수록 괴로워 무의식적으로 덮어버리려고 한다. 하지만 덮는다고 덮어질 성격의 것이 아니다.

예를 들어 아이가 짜증을 낼 때 감정을 억압한 엄마는, '너가 뭔데 나한테 짜증을 내?'라는 식으로 자기 감정으로 아이의 행동을 본다. 이렇게 아이가 느끼는 감정이 아닌 엄마 자신이 느끼는 감정으로 아이를 대하면 아이에겐 상처가 될 뿐이다.

미해결된 감정을 해결하려면 어린 시절 자신의 엄마가 언제 화를 냈고, 그때 기분이 어땠는지 되돌아봐야 한다. 반대로 내가 화낼 때 엄마의 반응은 어땠는지 떠올려봐야 한다. 만약 자신이 어릴 적 울고 있었을 때에 엄마가 야단쳤다면 내 아이가 우는 건 다 받아줘야 할 것 같고, 못 받아주면 미안한 마음이 매우 클 수 있다. 그와는 반대로 내 아이가 우는 꼴을 조금도 견디지 못해 화가 치밀어 오를 수도 있다. 이처럼 초 감정을 의식하지 못하면 자신의 감정을 아이의 감정으로 왜곡하고, 아이의 마음을 공감해주는 것에서 멀어진다.

엄마도 공감받고 위로받고 싶다

엄마로 살다보면 매일 떼쓰는 아이, 날 무시하는 것 같은 남편, 이웃집 엄마와의 자존심 싸움 등 다양한 감정의 홍수를 경험한다. 그리고 이러한 경험을 통해 열등감, 분노, 불안, 수치심 등의 감정을 느낀다. 감정을 느끼는 정도는 사람마다 다르다. 보통 사람들이 10점 만점에 5점 정도의 분노를 느낀다면, 별일 아닌데 7~8점 정도의 분노 감정을 느끼는 사람은 남들보다 감정의 홍수에 빠지기 쉽다. 반대로 분노를 2점 정도로 낮게 느끼는 사람은 감정의 홍수에는 잘 빠지지 않을지는 몰라도, 자기 감정을 제대로 느끼지 못하고 다른 사람의 감정에도 무관심할 수 있다.

어떤 심각한 감정이라도 일단 발견하면 벗어날 수 있다. 때문에 자기 감정을 느끼고 관찰함으로써 평소에 자주 느끼는 감정을 이해하고 있어야 한다. 우리는 생각보다 감정을 인지하지 않고 살아간다. 이제부터라도 스마트폰 메모장에 오늘 느꼈던 감정들을 쭈욱 써보자. 하루 동안 느낀 감정이 몇 개 없다는 것을 알게 될 것이고, 감정을 표현하고 정리하는 데에 익숙하지 않은 자신을 발견할 것이다.

감정의 종류를 인지했다면 그 정도를 평가하는 것도 도움이 된다. 엄마로 살다가 어느 순간 분노의 감정을 느꼈다면, 그 상황에서 느낄 만한 분노인지 파악해보자. 만약 정도를 넘어서는 것 같다면 그 원인을 이해하면 된다. 그리고 그 느낌을 충분히 느끼고 어떠한 형태로든 표출하면 된다.

엄마 스스로 억압된 감정을 외면하고 아이 문제라고만 치부하는 것은 그만큼 엄마의 감정이 괴로워 '회피'라는 방어 기제를 사용하는 것이다. 자신의 감정이 위로받고 공감받고 싶다는 신호다. 정서적으로 건강한 아이로 키우려면 엄마 스스로를 이해하고 정서적으로 건강해져야 한다.

그래도 분노 조절이 힘들다면

하지만 제아무리 엄마 스스로의 감정을 인지하고 수시로 마음을 다스리려 노력해도 막상 아이와 관련된 일이 닥치면 쉽게 감정의 홍수에 빠진다. 감정을 이해하고 인정하기도 어렵다. 남의 아이와 관련된 것은 객관적으로 파악도 하고 조언도 하지만, 내 아이 문제에는 감정이 격해지고 실수도 한다.

만약 우리 아이의 행동으로 인해 내 감정을 인지하기 불가능할 정도로 감정의 홍수에 빠져 있다면 잠시라도 아이와 물리적으로 분리되는 게 가장 큰 도움이 된다. 남편이나 양가 부모님께 최대한 아이를 맡기고 혼자 시간을 가져야 한다. 아이와 단둘이 있어야 하는 상황이라면 몇 분이라도 혼자 방에 들어가 문을 닫고 아이와 물리적으로 분리되어 보자. 물리적 거리가 심리적 거리로 이어지고, 그래야 빨리 내 감정을 알아차릴 수 있다. 그래야 객관적인 마음으로 아이를 대할 수 있다. 아이가 원하는 것도 잘 파악이 되고 엄마 생각도 아이에게 잘 전달되어, 나를 힘들게 했던 아이의 행동이 금방 멈추기까지 한다.

잠시 아이를 사랑하지 않아도 괜찮다

정신분석의 창시자 프로이트가 말한 인간의 정신건강 지표는 크게 두 가지인데, 그것은 '일할 수 있는 능력'과 '사랑할 수 있는 능력'이다. 그런데 묘하게도 엄마들에게 내 아이를 사랑하는 행위 자체는 동시에 일이 된다. 나에게 주어진 분명한 일이 있고, 더구나 그것을 사랑하는 사람과 함께하고 있다는 점에서 보면 이보다 더 좋을 수 없이 행복한 일이다.

그런데 아이를 키우며 매 순간 행복하지만은 않다. 그 이유는 일과 사랑을 구분하지 못하기 때문이다. 일과 사랑을 동시에 하고 있지만, 때로는 이 두 가지를 정확하게 구분해야만 마음이 흔들리지 않고 둘 다 잘 할 수 있다.

한 예로, 아이가 어떤 수단과 방법을 써도 떼쓰는 일을 멈추지 않을 때에 엄마는 몸과 마음이 참 힘들다. 엄마가 24시간 무한한 사랑으로 아이를 대한다는 것은 사실상 불가능하다. 이럴 때 증오와 분노가 일어나기 쉽다. 그때가 바로 육아에서 사랑과 일을 구분할 때이다.

아이 때문에 분노 조절이 되지 않는다면 억지로 내 아이를 사랑하려는 노력을 잠시 멈추어도 된다. 내 앞에 있는 아이에 대한 사랑은 잠시 멈추더라도 그 아이를 돌보는 일은 계속 할 수 있다. 잠시 아이를 사랑하지 않아도 아무런 문제가 되지 않는다. 오히려 더 빨리 사랑의 마음으로 되돌아오는 최고의 방법이다.

"몇 분이라도 혼자 방에 들어가 문을 닫고

아이와 물리적으로 분리되어 보자.

물리적 거리가 심리적 거리로 이어지고,

그래야 빨리 내 감정을 알아차릴 수 있다.

그래야 객관적인 마음으로 아이를 대할 수 있다."

Henri Matisse 「Red Interior / Still Life on a Blue Table」 1948

아이가 아프면
신경질부터 나요

아이가 아프면 짜증부터 나는 엄마

워킹맘인 수연 씨의 딸은 백일 때부터 많이 아팠다. 백일쯤이야 복직하기 전이라 아이가 아파도 힘들지만 온전히 케어할 수 있었는데 지금은 다르다. 갓 두 돌이 지난 아이가 아파 어린이집에서 연락이 올 때마다 회사일은커녕 이러지도 저러지도 못해 전전긍긍하는 일이 잦아졌다. 사실 수연 씨는 처음 아이가 한두 번 아팠을 때는 하늘이 내려앉는 것 같았다. 아이가 어떻게 되지 않을까 싶어 인터넷 검색으로 유명하다는 병원까지 서칭해놓고 항상 긴장 상태였다.

하지만 아픈 횟수가 늘어나면서 걱정과 동시에 짜증이 일기 시작했다. 회사에서 새 프로젝트에 들어갈라치면 아이가 아팠다. 양가에 도움을 구할 처지가 아니어서 같은 아파트

에 사는 도우미 알바를 통해 아이를 어린이집에서 픽업해왔
다. 그러나 문제는 시도 때도 없이 아픈 아이 때문에 도우미
알바도 쓰지 못하면서 시작됐다. 급기야는 퇴사를 해야 하나
말아야 하나 고민에 이르렀다. 아이가 아플 때마다 엄마도 아
팠다. 아이가 아플 때마다 엄마도 케어받고 싶었다.

아이가 아플 때 엄마의 불안과 죄책감은 활개를 친다

아이가 아프면 워킹맘은 자신을 필요로 할 때에 아이와 함께
하지 못한다는 것에 대한 죄책감이 든다. 그때 드는 죄책감은
돌보는 사람과 틈틈이 연락을 주고받으면서도 실제 아이의
건강 상태보다 더 부정적으로 여기게 만든다. 그리고 부정적
인식은 끊임없이 불안하게 하고 생각에도 영향을 미쳐, 최악
의 상황까지 상상하게 한다.

　워킹맘으로서 느끼는 죄책감은 부정할 수 없는 자연스러
운 마음이다. 실제로 잘못해서가 아니라, 선택의 여지가 없는
어쩔 수 없는 상황에 생기는 마음이기 때문이다.

　그렇다면 전업맘은 워킹맘보다는 비교적 죄책감에서 자
유로울까? 전업맘은 아이를 스스로 질병에 노출시켰을지도

모른다는 생각에 죄책감을 가진다. 아이 옷을 얇게 입혀 아이가 아프다는 식으로 이야기하는 시어머니의 말에 동의하지 않으면서도, 혹시나 하는 생각에 미안한 마음이 든다. 아픈 동안 아이의 일거수일투족을 함께하고 관찰할 수 있지만 그만큼 책임도 져야 하기 때문에 오히려 더 불안한 면도 있다. 예를 들어, 바이러스성 모세기관지염이나 바이러스성 장염 등이 한창 유행일 때, 이를 잘 모르거나 대수롭지 않게 여겨서 키즈카페에 데려가 병이 옮은 것처럼 생각되면 진위 여부와 무관하게 엄마는 죄책감을 느낀다. 더구나 아이를 돌보고 있으면서 아이의 상태를 제대로 파악하지 못해 아이를 돌이킬 수 없는 상황으로 이끌지도 모른다는 끝없는 긴장감에 사로잡힌다.

엄마도 감정이 있는 사람이다

엄마로 살면 처지와 상황과 관계없이 아이가 아플 때에 여러 가지 복잡한 감정을 느낀다. 그나마 죄책감과 불안 등의 감정은 내가 그만큼 좋은 엄마이기 때문에 가질 수 있는 감정이라는 생각에 어느 정도 스스로 용납할 수 있는 부분이 있다. 하지만 아이가 아플 때에 생기는 짜증과 분노의 감정은 좋은 엄마라면 결코 가질 수 없고 가져서도 안 되는 감정이라는 편견 때문에 엄마의 마음을 더욱 힘들게 한다.

사실 워킹맘은 아이가 아프더라도 다음 날 똑같이 출근을 해야 하는 상황이라, 아이를 돌보느라 잠을 못 자면 평소보다 짜증이 나는 게 당연하다. 잠을 못 자서 생기는 자연스러운 불쾌한 감정 자체는 엄마도 사람이기 때문에 자연스러운 감정이다.

전업맘도 마찬가지이다. 밤에 아이를 돌보느라 잘 못 자고, 그다음 날에도 계속 아이를 케어해야 하기 때문에 체력적으로 힘들고 불쾌한 감정이 든다. 엄마도 자율성을 보장받고 싶은 욕구를 지닌 사람이기 때문에, 아이와 함께 좋은 시간을 가지려고 했던 계획, 또는 아이가 기관에 간 사이에 모처럼 자신만의 시간을 가지려던 여러 상황이 무산되면서 생기는 좌절감 때문에 여러 감정이 든다.

또 아이들은 중요한 일이 잡혀 있을 때에 꼭 아프다. 다같이 좋은 곳에 가서 쉬자는 생각으로 여행 예약을 해놓으면 떠나기 전날 꼭 갑자기 아프다. 엄마는 이때 고민을 하게 된다. 가서 괜찮으면 다행인데 더 아프면 죄책감에 시달릴 테고, 안 가면 여행을 못 간 것에 대한 아쉬움이 남아 짜증과 분노로 바뀔 것이 분명하기 때문이다.

이러한 짜증과 분노의 감정을 스스로 자연스럽게 받아들이지 않으면 아이가 아플 때에 느껴서는 안 될 것을 느낀 것 같다는 생각이 죄책감으로 이어지는 것이다. 엄마로서 부적절하다는 생각에 전반적인 양육 효능감마저 떨어진다.

상반된 감정은 동시에 느껴도 문제가 되지 않는다

죄책감과 불안, 그리고 짜증과 분노. 어떻게 보면 좋은 엄마이기 때문에 가질 수 있고 나쁜 엄마이기 때문에 가질 수 있는 상반된 감정이다. 그런데 상반된 감정이 동시에 나를 지배하고 있을 때에 사람들은 혼란스러워 한다. 이처럼 상반된 감정을 '양가감정'이라고 한다.

양가감정은 존재만으로도 그것을 구성하는 극과 극의 감정 자체보다 더 큰 심리적 갈등을 일으킨다. 예를 들어, 부모로부터 상처가 있는 경우에 정작 자신을 힘들게 하는 것은 부모에 대한 분노 때문이 아니다. 분노의 감정과 상반된 나를 키워준 고마운 분이라는 마음이 동시에 존재하고, 그것으로 인해 어느 쪽 감정도 제대로 받아들이지 못하기 때문에 힘든 것이다. 이러한 양가감정 중에서 차라리 한쪽 노선의 감정을 선택하면 어느 정도 힘든 마음이 해결된다. 하지만 엄마의 감정은 너무도 복잡하기 때문에 그게 불가능하다. 양가감정을 해결하는 방법의 시작은 상반된 감정 중 하나만 선택해야 한다는 고정관념을 버리는 것이다. 두 가지 상반된 감정이 동시에 있어도 아무 문제 없다. 오히려 상반된 감정을 동시에 충분히 수용하고 자신의 감정을 받아들이면, 양가감정으로부터 일어나는 갈등을 줄일 수가 있다.

엄마로서 어떠한 감정을 느껴도 괜찮다

아이가 아플 때라고 해서 엄마가 느끼는 복잡한 모든 감정이 제한되어서는 안 된다. 아이가 아플 때에도 엄마가 느끼는 감정들은 각각 100퍼센트 타당하다. 엄마로서 어떠한 감정을 느껴도 괜찮다. 걱정과 동시에 짜증과 분노를 느껴도 괜찮다. 걱정 반 짜증 반이 어찌 보면 자연스러운 것이다. 잠시라도 좋은 엄마가 되지 않는다면 결국은 나쁜 엄마라고 생각하는 엄마 특유의 이분법적인 사고방식에서 벗어나야 한다. 본능적인 감정을 억누르면 억누를수록 나중에 엉뚱한 상황에서 아이에게 그 감정이 돌아갈 수 있다.

아이가 떼쓸 때에 목소리 톤이 올라가거나, 아이를 제압할 때에 과도한 힘이 들어가기도 한다. 아이가 아픈 기간은 잠시이지만 그때 지친 엄마의 아픈 마음은 그 이후까지 지속될 수 있다. 비록 아이가 아플 때라도 좀 더 길게 보고 복잡한 감정들을 있는 그대로 받아들이자. 그것이 육아라는 돌발 상황을 잘 이겨내는 요령이다. 아이가 아플 때일수록 엄마 스스로의 마음을 잘 다독여야 하는 이유가 여기에 있다.

아이가 아프면 엄마는 더 아프다

아이가 아프면 가장 몸이 힘든 사람은 아이이다. 하지만 가장 마음이 힘든 사람은 단언컨대 엄마이다. 마음이 힘들수록 몸도 힘들어진다. 아이가 아프면 긴장해서 밤낮 간호를 해도 일시적으로 피곤을 덜 느끼기도 하지만, 그 한계는 고작 며칠뿐이다. 얼마 되지 않아 체력은 바닥이 드러난다.

그러므로 아이가 아플수록 엄마는 더욱더 몸 관리를 해야 한다. 아이가 아프면 특별히 좋은 것을 먹이려고 신경 쓰는 만큼, 엄마도 특별히 좋은 것을 먹어야 한다. 밤에 불침번서는 것도 혼자 하지 말고 남편, 친정, 시부모 등 받을 수 있는 모든 도움을 동원해야 한다. 물론 엄마가 24시간 함께 있어주는 게 아이에게 심리적인 안정감을 제공해주지만, 엄마가 강철 체력이어야 한다는 전제 조건 안에서다. 여태껏 난 그런 엄마를 본 적이 없다. 누구나 엄마가 되면 체력이 약해지기 마련이다. 게다가 아이가 아픈 순간 엄마의 체력은 더욱 약해진다.

아이의 안정적인 애착 형성을 위해 중요한 3가지 요소는 민감성, 반응성, 일관성이다. 간단히 말해 아이의 요구를 민감하게 파악하는 것, 그 요구에 적절하게 반응해주는 것, 그리고 감정 상태에 따라 이랬다저랬다 하지 않고 일관적으로 대하는 것이다. 이러한 점들은 이해하고 노력하는 것만으로는 부족하다. 기본적으로 주양육자의 건강관리가 반드시 필요하다. 잠을 제대로 못 자고 제대로 못 먹는 상황이 지속되면 인지 기능 및 집중력과 민첩성이 떨어져 아이를 제대로 관찰하지도 못하고 아이의 요구를 파악하지도 못한다.

설사 파악하더라도 체력적으로 힘들어 적절한 반응을 해주기가 쉽지 않다. 또한 감정 조절 기능을 하는 잠을 제대로 자지 못하면 순간순간 감정 조절이 되지 않아 기분에 따라 비일관적으로 아이를 양육할 소지도 충분히 있다. 이러한 것들은 모성애나 정신력으로 극복할 성격의 문제가 아니다.

육체적 피로가 쌓이다가 어느 순간 '너도 아파서 힘들겠지만 나도 힘들어 죽겠거든!'이라는 생각이 스치며 아파서 한층 예민해진 아이를 내동댕이치듯 잠자리에 눕혀 놓는 자신을 발견할지도 모른다. 그리고 그런 행동이 실제 아이에겐 아무런 영향이 없더라도 죄책감을 유발해 엄마를 더욱 힘들게 한다. 아플 때일수록 아이에게 신경 쓰는 만큼 엄마도 신경 써야 하는 이유다.

자꾸
괴물 엄마로 변해요

아이가 말을 듣지 않으면 화가 나는 엄마들

어릴 적엔 말을 잘 듣던 아이가 언젠가부터 말을 전혀 듣지 않는다며 진료실에 찾아온 경미 씨가 있었다. 그녀는 초등학교에 갓 들어간 아이의 심리 검사를 원했다. 그런데 아이에 대한 이야기를 하는 도중에도 종종 목소리가 격양되고 눈물을 글썽이는 등 화를 추스르기 힘든 모습이었다.

그녀가 자세히 묘사하는 아이의 문제점도 문제지만 그녀의 생각과 감정이 더 문제였다. 아이에 대한 분노가 조절이 힘들 정도로 커진 건 아이가 유치원에 들어간 이후였다. 유치원에 들어가면서 엄마 말 하나하나에 토를 달고 따지기 시작한 것이다. 아이가 자신의 말을 듣지 않고 말대꾸하는 것을 보기만 해도 분노가 폭발해서 소리를 지르거나 엉덩이를 때리기도 했다.

왜 애를 못 잡아서 안달이냐고 하는 남편조차도 자신을 무시한다는 생각이 들어 화가 났다. 하지만 아이가 잠든 밤에 하루를 돌아보다보면 죄책감이 몰려왔고, 나는 나쁜 엄마라는 생각에 괴로웠다. 경미 씨와 지속적인 상담을 통해 역시나 이러한 패턴은 아이를 키우며 생긴 새로운 문제는 아니라는 걸 알게 되었다.

우리를 괴롭히는 어린 시절 열등의식

경미 씨에겐 언니가 한 명 있다. 대부분의 자매가 그렇듯 경미 씨도 어려서부터 언니와의 관계가 마냥 좋지만은 않았다. 언니는 어려서부터 자신보다 공부도 잘했고 얼굴도 예뻤는데, 게다가 성격도 원만해 친구들이 늘 많았다. 엄마의 본심은 알 수 없지만 경미 씨 입장에선 엄마가 언니만 예뻐하는 것 같아 늘 불만이 가득한 채 살았다. 솔직히 엄마는 자신을 사랑하지 않는다고 생각하기까지 했다.

그러한 불만의 대상은 단지 엄마뿐만이 아니었다. 가끔 만나는 동네 어른들이나 친척들도 언니에게는 점점 더 예뻐진다는 말을 아끼지 않았는데, 자신에게는 진심이 느껴지게 예쁘다는 말을 한 사람이 기억에 한 명도 없었다. 그러한 일이 반복될 때마다 자신이 초라하다는 느낌이 들었다. 언니는 결코 자신이 넘을 수 없는 존재라는 생각이 들었다. 하지만 그래도 혹시나 하는 기회를 엿보고 살았다. 그래서인지 어릴 적에는 언니의 흠을 잡아서 엄마에게 일러바칠 궁리만 하며 지냈던 것 같다.

이러한 패턴은 집뿐 아니라 학교생활에서도 반복되었다. 집에서 언니에게 느꼈던 감정이 자신보다 뛰어나 보이는 친구들에게도 그대로 느껴졌다. 공부 잘하는 아이, 예쁜 아이, 친구가 많은 아이, 노래 잘하는 아이들 모두 질투의 대상이었다. 그런 친구들을 보고 있기만 해도 자신이 한없이 초라하게 느껴졌다. '난 도대체 왜 이렇게 샘이 많은 아이일까?' 종종 이런 고민을 해보았지만 그 해답을 찾기도 전에 성인이 되었고 성격도 달라지지 않았다.

사랑이 전부라는 생각에 부모님의 반대를 무릅쓰고 나를 사랑해주던 남자와 결혼을 했다. 그런데 주변과 비교해보니 다들 자신보다 시집을 잘 가서 남편이 돈도 잘 벌고 심지어 가정적이기까지 했다. 그런 친구들을 만날 때엔 남편을 포장하기에 급급했다. 그렇게 하지 않고서는 자신이 무너져버리는 느낌을 그대로 경험해야 했기 때문이다. 그런 날은 집에 돌아온 남편에게 바가지를 한바탕 긁어야 쌓인 스트레스가 풀리며 마음이 좀 편해진 기분이었다. 이처럼 누구를 만나든 자신이 상대적으로 초라하다는 생각으로 인한 감정적 어려움은 아이를 키우기 전부터 끊임없이 경미 씨를 괴롭혔다.

나를 무시한다는 생각

엄마들은 신생아 때부터 주는 대로 먹고 재워주는 대로 자던 착하기만 하던 아이가 변해가면서 고민에 빠진다. 아이와의 기싸움에서 이겨야 엄마의 권위도 올라가고 잘 훈육할 수 있을 것 같기도 한 반면, 그러다가 감정을 조절하지 못해 말과 행동으로 아이에게 상처를 줄지도 모른다는 생각 때문이다. 그렇다고 한없이 느긋하고 여유로운 마음으로 아이에게 져주면 이러다가 버릇없는 아이로 자랄 것 같은 불안감마저 든다. 사실 불안감보다는 아이가 나를 무시하진 않을까 하는 생각, 아이에게 졌다는 자체로 왠지 모를 분한 마음에 역시 괴롭다. 이래도 괴롭고 저래도 괴로운 것이다.

기싸움은 시작하는 것이 곧 지는 것

엄마 스스로가 아이에게 이기려 한다는 것을 미처 깨닫기도 전에 이미 필사적으로 이기려고 반복하는 것을 보면, 어떠한 상황에서도 이기고 싶은 마음은 아마도 인간의 본능인 것 같다. 그런데 과연 엄마와 아이의 기싸움 자체는 정당할까? 권투, 씨름과 같이 1대1로 승부를 겨루는 스포츠는 반드시 체급별로 비슷한 조건의 상대와 경기를 한다. 누가 보아도 우위에 있는 사람이 한수 아래인 사람과 싸운다는 것 자체가 이미 진 것이나 다름없기 때문이다.

엄마가 아이와 기싸움을 시작하게 되었다면 이미 엄마가 진 것이나 다름없다. 엄마는 아이보다 적어도 한수, 아니 몇 수 위에 있어야 한다. 우위에 있는 사람답게 마음의 여유를 가지고 아이의 생각과 행동을 바라볼 수 있어야 한다.

만약 아이와의 관계에서 조바심이 나고 여유가 없고 늘 불안하다면, 그것은 이미 엄마가 아이보다 한수 위에 있지 못하다는 증거다. 심한 경우 자신의 가치와 존재감을 아이와 비교하면서까지 찾아내기도 한다.

아이와의 경쟁에서 지는 순간 한없이 작아지는 마음을 경험하기도 한다. 그 경험은 고스란히 아이에 대한 분노로 이어져 이후엔 역시나 죄책감에 괴로워한다. 이러한 패턴은 기싸움에서 진 것 자체보다 엄마에게 더 큰 패배감을 준다.

어릴 적 느꼈던 감정과 생각을 되돌아보자

물론 아이와 기싸움을 당장 그만두는 것은 쉽지 않다. 머리로는 불필요하다는 것을 알지만 마음은 순순히 따라주지 않기 때문이다. 아이를 키우다보면 떼쓰고 말대꾸하는 아이의 요구를 들어줘야 하나 말아야 하나 고민하는 순간이 꽤 자주 온다. 아이의 요구를 들어줄 때마다 왠지 모르게 패배감이 들고, 더 나아가 자신의 존재 자체가 무너지는 느낌을 받기도 한다. 반대로 교육이라는 명목 아래에 강제적으로나마 아이의 뜻을 꺾어버리면 희한하게도 승리의 쾌감이 느껴지기도 한다. 만일 엄마인 당신의 일상에서 이러한 패턴이 반복되고 있고, 그때마다 불편한 마음이 든다면 우선 이 문제가 아이를 키우며 새롭게 생긴 문제인지 생각해볼 필요가 있다.

아마도 살아오면서 만나온 수많은 사람들을 경쟁 상대로 여겼듯이 나도 모르게 아이조차 경쟁 대상으로 여기고 있을 가능성이 높다. 그럴 때엔 엄마 스스로 과거를 조금 더 멀리까지 돌아보는 게 도움이 된다.

제일 손쉬운 것은 경미 씨의 경우처럼, 어릴 적 나의 형제 자매와의 관계를 돌아보는 것이다. 혹시 내 형제자매가 나보 다 공부를 잘하거나, 말썽을 덜 부리거나, 우월한 외모 때문에 관심과 사랑을 더 받는다고 질투하진 않았는가? 자신에게는 관심과 사랑을 덜 주는 부모나 주변 사람들이 밉진 않았는가?

그랬다면 질투의 이면에 있던 무시받는다고 여겨지고 초 라하게 느껴지던 자신의 생각과 감정을 잘 살펴보자. 그리고 충분히 다독여주자. '내가 그땐 그랬지, 그래서 그렇게 만나는 사람마다 내 마음이 힘들었지'라는 생각을 할 수 있다면 이미 반은 해결된 것이다.

그런 적은 있었지만 심각하지 않았고, 별다른 감정을 느 끼진 않았다는 식으로 애써 쿨한 척하는 것보다 자신에게 솔 직한 것이 낫다. 어릴 적 느꼈던 생각과 감정들이 무엇이든 그 아이의 입장에서는 타당하므로 어떠한 생각과 감정을 경 험했든 괜찮다. 어른이 된 지금 그때의 생각과 감정들을 차근 차근 다시 정리해보자.

그 순간의 내 감정만은 놓치지 말자

이미 아이와의 기싸움을 매일 반복하고 있고 도저히 멈출 수 없는 지경이라면 어떻게 해야 할까? 제대로 해결되지 않은 경쟁심을 간직한 채 억지로 기싸움을 멈춘다면, 아마도 그때마다 느끼는 자괴감과 패배감은 엄마를 더 힘들게 할지도 모른다. 그렇게 억눌린 감정은 또 다른 분노로 바뀌어 엉뚱하게도 아이에게 발산될 가능성이 많다. 그럴 때엔 오히려 반복되는 아이와의 기싸움을 통해 그때마다 자신이 반복적으로 경험하는 생각과 감정을 발견해보자.

'우리 아이가 내 말을 듣지 않으면 나는 화가 나는구나'
'화가 나는 감정과 함께 아이가 엄마인 나를 무시당한다는 생각이 드는구나'
'아이에게조차 무시당한다는 생각이 들면 나는 참을 수 없는 감정의 소용돌이를 경험하는구나'

물론 이렇게 몇 번 해본다고 해서 오랫동안 반복되어온 생각과 감정의 패턴이 금방 바뀌진 않는다. 하지만 내가 아이와 기싸움을 하려고 할 때마다 아이에게 화를 내는 자신에

게 실망할 것이 아니라, 나도 엄마로서 성장해야 하는 사람
임을 인정하다보면 조금씩 변화가 찾아올 것이다.

"어릴 적 느꼈던 생각과 감정들이 무엇이든

그 아이의 입장에서는 타당하므로

어떠한 생각과 감정을 경험했든 괜찮다.

어른이 된 지금 그때의 생각과 감정들을

차근차근 다시 정리해보자."

Henri Matisse, 「Pianist and Checker Players」, 1924

나만 아이 마음을
공감해주지 못하는 것 같아요

평일에 키즈카페, 공원, 동물원에 가보면 아이와 함께 나온 엄마들을 많이 본다. 엄마와 아이의 모습을 보며 가장 많이 드는 생각은 크게 두 가지다. 참 열심히 아이를 돌본다는 것, 그리고 조금은 과도하게 반응한다는 것이다.

공감 육아라는 말이 유행한 지도 꽤 되어서 공감이 중요하다는 것 정도는 육아에 관심 있는 엄마들은 대부분 알고 있다. 아이가 울면 옆에서 아이보다 더 큰 소리로 슬픈 목소리를 내며 아이에게 공감을 심어주려고 애쓴다. 아이가 웃고 있으면 아이보다 더 밝은 표정으로 아이의 기쁨을 공유하려고 노력한다. 그런데 아이는 엄마의 행동을 통해 공감을 받을까?

상호작용에서 가장 중요한 것은 공감이고, 상대방의 입

장을 이해하고 공감할 수 있는 능력은 사회성의 기초가 되는 것은 부정할 수 없다. 부모가 지지적인 정서 반응을 보이면 아이는 사회에서 수용되는 방식으로 자기 감정을 표현하고 조절하는 법을 배우기 때문이다. 현대사회에서 성공적이고 만족스러운 삶을 살기 위해 필요한 덕목으로 사회성을 꼽고, 사회성이 이전보다 높게 평가되면서 육아계의 핫 키워드는 공감 능력이 된 것 같다. 그런데 섣부른 공감은 안 하느니만 못 하다.

섣부른 공감보다 중요한 것

정신과의사가 되기 전에 정신과의사의 중요한 덕목 중 하나가 환자의 마음을 공감하는 것이라고 알고 있었다. 그런데 정신과 레지던트 1년차 초창기에 그보다 먼저 필요한 게 있다는 것을 안 계기가 있다. 병동 간호사에게 우울증으로 입원한 환자가 있다고 콜이 와서 병동에 올라가 환자를 면담했다.

　선배에게 배운 대로 먼저 "어떻게 오셨어요?"라는 질문으로 면담을 시작했다. 환자분은 "요즘 기분이 많이 우울하고 몸도 많이 힘들어서 왔어요"라고 말했다. 나는 그 이야기를 듣자마자 일단 충분히 공감해줘야 한다는 생각에 "정말 힘드셨겠어요~"라고 말했다. 나는 분명 진심으로 공감을 해줬다고 생각했는데, 환자분은 별로 공감받지 못한 느낌이었다. 한 시간 정도를 면담했지만 이야기가 겉도는 것 같았고, 결과적으로 나는 그분의 구체적인 마음의 고통을 이해하지 못한 채 면담을 마쳤다.

나중에 선배 레지던트와 대화를 하고 나서야 무엇을 잘못했는지 깨달았다. 환자의 상황과 경험이 어땠는지, 때마침 어떤 일들이 있어서 힘들어진 것인지 구체적인 파악도 하기 전에 우울하고 힘들다는 말 한마디만 듣고 섣불리 공감했던 것이다. 지금 생각하면 구체적인 이야기를 들어보고 공감해야 하는 게 참 당연한데, 그 당연한 필수과정이 자연스럽게 이루어지지 않았다. 아마도 꿈에 그리던 정신과의사가 되었고, 환자에게 마음껏 공감해줘야 한다는 압박감 때문이었던 것 같다.

아이를 키우는 엄마들도 크게 다르지 않다. 공감 자체에만 집착하다보면 섣부른 공감을 하기 쉽다. 아이가 큰소리로 울고 있으면 아이를 재빨리 위로하고 공감해줘야 한다는 압박감 때문에, 아이가 지금 왜 울고 있는지 정확한 상황 파악을 하지 못한다. 또 아이의 마음을 유추해보는 시간 없이 섣부른 공감을 하게 된다. 반대로 아이가 갑자기 낄낄대며 웃고 있으면 상호작용을 해야 한다는 압박감 때문에 아이가 지금 왜 웃고 있는지 이해와 헤아림 없이 섣부른 공감을 하기 쉽다.

공감보다 관찰이 먼저다

하지만 아이가 놓인 상황과 아이의 마음을 이해하는 것은 말처럼 그리 간단한 일만은 아니다. 아이가 어릴수록 자신이 겪은 일과 마음을 조리 있게 표현하지 못하기 때문이다. 그럼에도 불구하고 아이는 이해받고 싶고 공감받고 싶어 한다. 어떻게 해야 할까?

역시 정신과 레지던트 1년차 초창기에 환자 면담을 했던 경험을 이야기하고 싶다. 병동 간호사에게 우울증으로 입원했다는 이야기를 미리 듣고 환자 면담을 시작했다. 역시나 "어떻게 오셨어요?"라는 질문을 던졌는데, 그 중년 아주머니의 대답은 처음부터 나를 당황하게 했다.

"잘 모르겠어요. 남편과 자식들이 병원에 가보자고 해서
왔어요."

외래 교수님께서 우울증이라는 진단을 내리셔서 입원했기에 우울증이라는 확신을 가지고 다시 물어보았다.

"우울해서 오시지 않았어요?"
"우울하지 않은데요."

어쩔 수 없이 이런저런 면담을 하고 선배 레지던트와 상의를 했는데, 선배가 내게 뜻밖의 질문을 했다. 그분의 표정과 시선, 말의 높낮이와 속도가 어땠냐는 것이었다. 기억을 더듬어보니 표정은 무표정했고 고개를 숙이고 있었으며, 말은 느린 편이고 아주머니치고 꽤 저음이었다. 선배 레지던트는 그게 바로 우울증과 관련된 모습들이고 정신과 의사는 그것들도 관찰할 수 있어야 한다고 했다. 알겠다고 했지만 나는 속으로 생각했다.

'그분은 원래 표정이 별로 없는 편이고, 원래 소심한 성격이어서 나를 똑바로 쳐다보지 못한 것이며, 말도 원래 느리고 목소리가 저음인 것 같다'라고.

하지만 그분은 2~3주 정도의 약물 치료와 상담 치료를 통한 입원 기간 동안 모습이 많이 변했다. 상담을 할 때 내 눈을 똑바로 쳐다봤고, 대화 내용에 따라 표정 변화도 참 많았다. 말도 빠른 편이었고 저음이 아닌 고음에 가까웠다. 혹시 항우울제 복용을 통해 반대로 조증 증상인가 해서 자녀분을 통해 물어보니 평소 모습이라고 했다. 그 환자분은 우울하다고 말만 안 했을 뿐이지 온몸으로 우울함을 보여주고 있었던 것이다.

아이도 이와 마찬가지이다. 두 돌 미만의 아이는 제대로 말을 하지 못하고, 그 이상이 되어도 느끼는 감정을 정확하게 표현하기까지는 시간이 꽤 걸린다. 그러므로 엄마가 아이의 눈높이에서 아이의 상황을 파악하고 있어야 한다. 또 아이가 미처 말로 정확하게 표현하지는 못하더라도 아이의 표정 변화, 목소리 톤 변화, 행동 변화 등으로 아이의 마음을 유추할 수 있어야 한다.

유익한 가르침을 주려는 의도가 있더라도 아이의 행동에 매번 간섭하다보면, 아이가 경험한 상황과 그로 인한 미묘한 마음의 변화를 관찰하고 파악하기가 어렵다. 아무리 좋은 가르침을 주더라도 공감받지 못한 상태이기에 아이 마음을 제대로 납득하고 받아들일 수가 없다.

사춘기 청소년들이 자신을 훈계하려는 엄마에게 "엄마

는 알지도 못하면서"라고 말하는 것은, 어릴 적부터 경험한 엄마를 함축적으로 표현하는 말이다. 함께하는 시간이 많았기에 이쯤 되면 말하지 않아도 알아주기를 바라지만 엄마는 말하지 않으면 알 수가 없다. 오히려 기대가 커지는 만큼 오해의 소지도 많아진다. 이런 비언어적 소통은 어릴 때부터 부모의 관찰과 이해, 그리고 공감이 반복되며 자연스럽게 형성된다.

제대로 공감하려면 엄마 관리부터

공감은 생각보다 단순한 것이 아니다. 아이를 키우며 매 순간 공감하려고 노력해야 한다면, 하기도 전에 압박감부터 든다. 사무실에 똑같이 8시간을 앉아 있다고 해서 업무량이나 업무 처리 정도가 같지 않은 것과 마찬가지로, 똑같이 하루 종일 아이와 함께한다고 해서 아이를 관찰하고, 이해하고, 공감하는 것은 아니다. 직장인이 집중해서 효율적으로 업무 능력을 증진시키기 위해, 그리고 수험생이 효율적으로 학업 능력을 향상시키기 위해 스트레스 관리를 하고 체력 관리를 하는 것과 마찬가지로 아이를 키우는 엄마 역시 신체적·심리적 건강

관리를 잘 해야 한다. 잘 먹고, 잘 자야 하며 마음도 그때그때 잘 다스려야 한다. 공감을 해줘야 한다는 생각 때문에 스트레스를 받는다면, 이미 평정심을 가지고 객관적으로 공감할 수 없다는 증거다.

공감받은 엄마가 아이에게 공감해줄 수 있다

엄마들은 흔히 부드러운 말투와 온화한 표정으로 아이의 눈을 보고 대화는 것이 공감이라고 생각한다. 내게 더욱 구체적인 팁을 끈질기게 묻는 엄마들도 많다. 하지만 공감의 형식은 그리 중요하지 않다. 엄마 자신이 친구나 주변 사람에게 공감받아본 기억을 떠올려보면 답이 나온다. 상대방이 내 말을 듣는 표정, 말투, 언어적 표현 방법 등은 크게 중요하지 않다. 내가 믿을 만한 사람이 내가 하는 이야기를 듣고 나의 상황과 감정을 정확하게 파악했다고 여겨지면, 그것으로 공감은 이미 충분히 받은 것이다.

어떻게 해야 우리 아이에게 공감해줄까 방법이나 스킬에 너무 얽매일 필요는 없다. 우리 아이를 잘 관찰해서 아이의 상황과 감정을 이해하는 것까지만 충분히 해보고, 공감 방법은 자연스럽게 융통성 있게 상황에 맞게 판단해서 하면 된다. 이미 관찰과 이해를 통해 공감했기 때문이다.

그리고 이처럼 관찰과 이해를 통해 공감받아야 할 대상 중 아이는 절반만 차지한다. 나머지 절반은 엄마 자신이다. 엄마가 처한 상황과 생각과 감정, 그리고 행동을 객관적인 시각에서 관찰하다보면 육아라는 복잡한 상황에 놓인 자기 자신을 보다 잘 이해하게 된다. 결과적으로 관찰과 이해를 바탕으로 공감받은 엄마가 되어야 아이를 제대로 공감해줄 수 있다.

사랑을 나눠줘야 해서
미안해요

죄인 된 느낌으로 매일을 사는 다둥이맘

미혼이거나 아이가 없는 사람들은 아이 둘 키우는 엄마들에게 위로의 말을 건넨다.

"아이가 둘이니 두 배로 힘들겠어요. 힘내세요!"

하지만 아이 둘을 키우는 엄마에게 이 말은 전혀 위로가 되지 않는다. 두 배가 아니기 때문이다. 나는 아이가 둘 되기 전부터 엄마들로부터 아이가 둘이 되니 두 배가 아닌 열 배가 힘들다는 이야기를 많이 들었다. 그래서 각오하고 둘째를 키웠더니 열 배는 아니고 다섯 배 정도가 힘들었다. 아이 수의 제곱만큼 힘들다(2명이면 네 배, 3명이면 여덟 배)는 이야기에 가까운 것 같다. 하지만 이런 점을 전혀 몰랐다면 아마 열 배 힘들게 느껴졌을 것 같다.

예를 들어, 첫째가 잠들려는 찰나에 둘째가 엉엉 우는 소리로 첫째를 깨우고, 둘째를 재우는 중에 첫째가 낄낄거리며 웃는 소리로 둘째를 깨우는 식으로 나만의 밤이 짧아진다. 한 명이 떼쓰면 그 아이를 달래는 동안 다른 한 명이 자기 먼저 안아달라고 울고, 결국 세트로 울면서 달라붙는다. 그렇게 두 아이를 동시에 안고 있는 시간이 길어지다보니 허리디스크도 남의 이야기가 아니다. 그나마 둘을 동시에 안을 수 있다면 그건 축복이다. 자기만 안아달라며 상대방을 밀면서 울고불고 하면 그야말로 멘붕이다.

나의 이런 얘기를 듣던 아이 3명 키우는 엄마들은 행복한 고민을 한다는 뭔가 초탈한 표정으로 나를 보곤 한다. 아이가 하나일 때에는 아이 키우는 엄마들이 다 똑같이 여겨졌지만, 아이를 둘 키우고 나서는 아이 하나 키우는 엄마와 둘 키우는 엄마를 구분하기 시작했다. 그리고 아이 3명 키우는 엄마를 지나가다 보면 나도 모르게 고개가 숙여지고 있다.

아이가 여럿이면 하나일 때보다 힘든 이유가 무엇일까? 물리적인 시너지가 분명히 있다. 아이들이 어릴 때엔 엄마 아빠 함께 아이 둘을 보는 것보다 각자 한 명씩 맡아보는 게 훨씬 편하다. 둘째가 어릴 때엔 첫째가 빼앗고 때리느라, 둘째가 크고 나면 서로 치고받고 하느라 각자 돌봄은 수년 동안 지속된다.

하지만 더 힘든 건 엄마가 경험하는 감정적인 시너지다. 엄마라면 누구나 죄책감을 경험한다. 아이가 둘이 되면 첫째한테 신경 쓰는 동안 둘째에게 미안하고, 둘째에게 신경 쓰는 동안 첫째에게 미안하다. 독차지하던 사랑을 나눠 받는 느낌을 온몸으로 보여주는 첫째를 바라보고 있으면, 둘째를 좀 늦게 가질걸 하는 생각과 미안함이 앞선다. 하지만 첫째의 감정을 배려해주다가 늘 2순위로 물러나는 둘째를 보고 있자면, 첫째는 그나마 혼자 독차지하던 시절이라도 있었지 하며 둘째에게 미안해진다. 이래도 미안하고 저래도 미안한 것, 어쩔 수 없는 엄마의 마음이다.

아이는 혼자 키우는 게 아니다

요즘 엄마로 살다보면 우리 엄마 또는 우리 할머니와 비교하는 순간이 온다. 굳이 비교하지 않더라도 나 때엔 혼자 여럿도 키웠다는 시어머니의 한마디가 상처가 되기도 하면서, 내 자신이 한없이 작아지기도 한다. 주변 친구들을 보면 셋이나 넷도 아닌 딱 둘 키우면서 힘들어하는데 어떻게 된 일일까? 단순히 예전 세대보다 우리 세대 엄마들이 나약하기 때문일까?

오랫동안 지속되던 대가족 시대에서 핵가족 시대로 바뀌게 된 것이 중요한 이유가 아닐까? 대가족 시대에는 어릴 때부터 조카를 키우는 모습을 보거나, 가끔은 직접 돌보는 등 간접적으로나마 육아를 경험해볼 일이 있었다.

하지만 핵가족 시대를 사는 요즘 엄마들은 간접적으로라도 육아를 경험해보지 못하고 결혼을 하고 아이를 키우는 경우가 많다. 육아에 대한 막연한 두려움은 먼저 아이 엄마가 된 친구의 힘들어하는 모습을 보며 예기 불안까지 더해져 더 가중된다. 한 집에 여러 세대가 살든 가족 친지가 가까이 살든 필요할 때에 언제든 도움을 요청할 자원이 풍부했던 대가족 시대와는 달리, 양가 부모님조차 멀리 계셔서 아빠와 엄마의 자원만으로 아이를 키워야 하는 경우도 많아졌다. 한 아이

를 키우려면 온 동네 사람들이 나서야 한다는 말이 있을 정
도로 아이는 혼자 키우는 것이 아니다. 부부만의 문제가 아니
다. 아이가 둘 이상이면 더욱 그래야 한다.

엄마 혼자서는 완벽하게 아이를 케어할 수 없다

아이를 잘 키우려면 순간순간 아이의 마음과 상황을 잘 이해
해야 하고, 그러기 위해서는 관찰을 꾸준히 잘해야 한다. 그
런데 아이가 하나에서 둘이 되면 물리적인 관찰 능력이 절반
으로 나뉠 수밖에 없어 그만큼 놓치는 순간이 많다. 아이를
둘셋 이상 키우며 육아에 내공이 생긴다는 것은 그만큼 할 수
있는 능력이 많아졌다기보다는, 그만큼 버리는 능력이 많아
졌다는 이야기에 가깝다. 어쩔 수 없는 상황에서 오는 일종의
체념이 아니라 버릴 건 버리더라도 사실 아이가 성장하고 발
달하는 대세에는 지장이 없다는 것을 몸소 깨달은 것이다.
　사실 가장 이상적인 육아는 더 이상 더할 게 없는 육아가
아니다. 더 이상 뺄 게 없는 육아이다. 하지만 육아서적을 보
고 수많은 정보를 접하다보면 아이 하나 키우기도 참 버거운
것이 현실이다.

《아이를 망치는 엄마의 50가지 습관》 이런 제목만 봐도 숨이 콱콱 막히고 다 읽을 엄두도 나지 않는다. 사실 그 이면에는 읽다가 자신에게 해당되는 수십 개의 문항들을 보고 좌절하게 될까 봐 회피하는 심리가 있다.

아이가 둘이 되면 오히려 이런 압박감에서 벗어날 수 있는 기회가 되기도 한다. 아이가 하나일 때에는 힘들어도 이론대로 키우려고 노력하다가, 둘이 되면 내려놓는 엄마들이 많다. 하지만 내려놓아서 아이를 잘 못 키웠다고 회상하는 엄마는 별로 없다.

오히려 엄마로서 꼭 해야 할 최소한의 것들만 하고 나머지는 아이에게 맡기는 법을 배우기도 한다. 엄마 혼자서는 아무리 노력해도 완벽하게 아이를 키울 수 없기 때문이다. 한 아이에게 이론대로 상호작용 해주는 동안, 다른 아이에게는 이론과 반대되는 방치하는 상황이 올 수밖에 없다. 아이 하나와 둘 이상은 현실적으로 이론을 적용하는 부분에서 분명 다를 수밖에 없다.

내가 가진 사랑을 나눠줘야 하는 미안함

보통 아이 둘을 키울 자신이 없다기보다 내가 가진 사랑을 나눠줘야 하는 미안함 때문에 둘째 고민을 한다.

나 또한 둘째를 생각보다 빨리 가지게 되었고, 연년생 엄마들의 고충을 익히 들어왔기에 그만큼 불안한 마음이 앞섰던 게 사실이다. 아이가 둘이 되면 내가 가진 사랑(100퍼센트)을 반반(50퍼센트+50퍼센트) 나눠줘야 한다는 생각에 미리부터 아이들에게 미안하고 가슴이 아팠다. 하지만 내가 가진 아이에 대한 사랑은 기존 물리학의 개념을 뛰어넘는다는 점을 알았다. 내가 가진 사랑 자체가 두 배(200퍼센트)가 되었기 때문에 그 사랑을 전부(100퍼센트) 줄 수 있었다. 참으로 신기한 경험이다.

둘째를 고민하는 엄마들에게

둘째 고민을 하는 엄마들에게 해주고 싶은 말이 있다. 둘째 문제는 고민한다고 명확한 답이 나오지 않는다. 더구나 최근 연구에서는 외동이라고 해서 형제가 있는 경우보다 성격이나 사회성 등에 문제가 있다는 근거가 없다고 발표했다. 사실 어쩔 수 없이 아이 하나만 키워야 하는 상황이나 그러한 마음을 가진 엄마들은 둘째에 대한 고민조차 하지 않는다.

하지만 고민을 하고 있다면 이미 마음이 둘째를 향해 있는 것이다. 살면서 많은 일들을 두고 할 것이냐 말 것이냐 고민하게 된다. 하지만 보통은 그것이 비윤리적이거나 비도덕적인 일이 아니라면, 해서 후회하는 경우보다 안 해서 미련이 남는 경우가 많다. 하나든 둘이든 부모가 선택해야 할 자유다. 둘째를 가지기로 선택했다면 정량일 것만 같았던 나의 사랑이 두 배가 되는 신기한 경험을 할 수 있을 것이다.

Henri Matisse, 「Interior with a Phonograph」, 1924

일하고 싶은데
아이에게 미안해요

이래도 저래도 마음이 무거운 워킹맘들

워킹맘인 상윤이 엄마는 늘 마음이 무겁다. 더 이상 휴직이 불가능해서 상윤이가 돌이 된 시점에 복직했고, 맡길 곳이 마땅치 않아 가정 어린이집에 보냈기 때문이다. 엄마와 있는 시간도 부족하고 갑자기 환경이 변해서인지 늘 순하기만 하던 상윤이가 예민해진 것 같아 걱정도 많이 되었다. 일하는 며느리가 좋다며 의견을 존중해주던 시어머니도, 최근엔 얼마나 번다고 일하냐는 식으로 말씀하셔서 서운했다.

그러던 어느 날, 어린이집에서 전화가 왔다. 어린이집은 무소식이 희소식이라던데, 아니나 다를까 상윤이가 열이 난다는 전화였다. 몸은 사무실에 있지만 마음은 상윤이에게 가 있어서, 일은 하는 둥 마는 둥 하다가 병원에 가기 위해 칼퇴

근을 했다. 병원 문 닫기 전에 가야 한다는 생각에 뛰다시피 어린이집에서 가서 상윤이를 찾아 병원 문 닫기 직전에 진료를 받았다. 하지만 해열제를 먹이고 미지근한 물로 마사지를 해도 밤새 열이 떨어지지 않았다. 자는 둥 마는 둥 하느라 몸은 지쳤지만 힘들어하는 상윤이 걱정이 먼저였다. 갑자기 결근을 할 수도 없기에 어린이집 가방에 약봉지와 복용법을 기록해서 챙기는데, 잠들어 있는 상윤이를 보고 있자니 왈칵 눈물이 쏟아졌다.

보통 엄마들은 아이가 아프면 며칠씩 집에서 푹 쉬게 해 주던데, 나는 무슨 부귀영화를 누리겠다고 일을 붙들고 있어 아이를 고생시키는 걸까 하는 복잡한 생각에 괴로워서 잠을 이룰 수가 없었다.

대한민국에서 일하는 엄마로 산다는 것

요즘 엄마들의 고충을 이야기할 때에 빼놓을 수 없는 것이 워킹맘 문제이다. 단순히 일과 육아의 병행으로 인한 어려움에 그치지 않고 무기력감과 우울감으로 이어져 더 큰 문제가 되고 있다. 여성의 적극적인 사회 진출과 이전 세대보다 더해진

경제적인 부담감 등으로 맞벌이가 증가하고 워킹맘도 늘고 있다.

하지만 2018년 기준으로 여성의 경제활동 참여율은 54.1퍼센트로 남성이 71.9퍼센트인 것에 비하면 여전히 적다. 육아의 부담이 여전히 엄마에게 편중되어 있고, 육아는 엄마의 역할이라는 전통적인 가치관이 남아 있기 때문이다. 2019년 통계청 발표에 따르면 여성의 취업을 어렵게 하는 가장 큰 요인으로 '육아 부담'(50.6%)을 꼽았다. 그리고 지금 이 순간에도 상당수의 엄마가 아이 때문에 직장을 그만두는 것을 고려하고 있다.

직장인들에게 현실보다 더 현실적인 드라마라는 호평을 받으며 선풍적인 인기를 끈 <미생>에서 워킹맘들의 공감을 받은 장면도 마찬가지이다. 일과 육아 병행을 위해 고군분투하는 워킹맘 선 차장의 세 번째 임신 소식을 듣게 된 남자 직원들의 대화는, '육아는 엄마 몫'이라는 전통적 가치관의 잔재를 여실 없이 드러낸다.

"또 휴직이야? 첫째 둘째 낳을 때에도 우리가 얼마나 편의를 봐줬는데! 진짜 여자들이 문제야. 기껏 교육시켜놓으면 결혼에 임신에 남편에 애기에. 아, 핑계도 많아. 것도 아니

면 눈물바람으로 해결하려고 하고 말이야. 그게 다 여자들
이 의리가 없어서 그래."

드라마를 통해 간접적으로 경험한 남자 직원들의 대화는
혹시 우리 남자 직원들이 나를 바라보는 시선은 아닐까 하는
의심 아닌 의심이 들게 한다.

슈퍼맘을 요구하는 사회

과연 일과 육아의 병행이란 게 가능이나 한 것일까? 이 사회
는 일과 육아를 병행하는 워킹맘을 슈퍼맘이라는 '명예'로 멋
지게 포장하고, 오히려 그들에게 일과 가정이라는 '멍에'를 지
어준다. 슈퍼맘이라는 표현은 여성이 슈퍼맘이 되기를 은연
중에 기대하는 남성 위주의 사고방식 때문에 생긴 허상일지
도 모른다. 현실은 일과 육아 둘 중 하나만 잘하기도 힘든데,
이 사회는 워킹맘에게 일과 가정에서 모두 완벽하기를 요구
한다.

엄마가 자신도 모르게 슈퍼맘이라는 높은 기준에 스스
로를 끼워 맞추는 것을 당연시하다보면 두 마리 토끼를 다

놓쳐 실패와 좌절을 경험한다. 그러한 엄마의 경험은 감정과 행동에 영향을 미쳐 일도 육아도 어렵게 만드는 악순환으로 이끈다.

일을 하는 것은 정말 아이에게 부정적인 영향을 미칠까?

많은 워킹맘들이 직장에 있는 동안 엄마의 역할 공백이 아이에게 나쁜 영향을 주지 않을까 걱정하며 죄책감을 느낀다. 요즘 엄마들은 단순히 경제적 이유 때문만이 아니라 자아실현 등 개인적인 만족을 위해 직업을 유지하는 경향이 있다.

엄마의 자존감 측면에서는 긍정적이지만 일을 하면서 생기는 죄책감은 오히려 가중된다. 국내의 한 연구를 보면 워킹맘에게 가장 어려운 문제는 육아 문제인데, 아이가 어릴수록 아이를 맡기는 것에 대한 죄책감이 커 육아 스트레스가 높았다. 그렇다면 실제로 엄마가 일을 하는 것이 아이에게 부정적일까?

관련된 연구들을 크게 나누면, 아이에게 부정적이라는 견해와 엄마 역할을 대신할 사람이 계속 아이를 돌보면 별 문제없다는 견해가 있다. 오히려 엄마의 취업은 아이가 성장할

수록 아이의 자율성과 독립심에 긍정적인 영향을 미친다는 연구도 있다. 사실 엄마의 취업 자체보다는 아이를 누가 대신 봐주느냐가 아이의 애착 형성 및 안정적인 발달에 중요하기 때문에 워킹맘이라는 이유만으로 죄책감을 가질 필요는 없다. 더구나 죄책감을 가지면 과도한 불안으로 이어지고 아이를 돌봐주는 사람에 대한 지나친 걱정으로 전이된다는 문제점이 생긴다.

또 워킹맘은 회사에 민폐가 될까 봐 직원들과의 관계에서 위축되기도 한다. 하지만 그럴 필요가 없다. 미국 미주리주 세인트루이스 미 연방준비은행 Federal Reserve Bank of St. Louis 연구진은 남녀 직장인 1만 명을 대상으로 한 연구 결과를 발표했다. 그 결과 아이를 키우는 직장인은 그렇지 않은 경우보다 직업적 생산성이 훨씬 높았다. 재미있는 점은 아이를 가질 경우 직업적 생산성이 저하될 것이라는 가설을 세운 뒤에 조사에 착수했는데 결과가 예상을 빗나갔다는 점이다.

그리고 여성의 육아와 직업 생산성 상관관계가 남성보다 두드러졌다. 더구나 아이가 둘 이상인 여성은 하나인 여성보다도 직업 생산성이 뛰어났다. 물론 아이가 영유아인 경우, 직업 생산성이 또래보다 15~17퍼센트 정도 낮게 측정되었으나 그 이후로는 오히려 역전되었다. 연구진은 아이를 키우며 생기는 책임감, 소속감, 심리적 안정감 때문이라고 해석했다. 아이가 어릴 때엔 잠시 일에 지장을 줄 수 있지만, 길게 본다면 오히려 회사에 득이 되니 워킹맘이라고 해서 주눅 들 필요가 없다. 워킹맘이니까 더 떳떳하고 더 당당해도 된다.

일하는 엄마의 최대 메리트

워킹맘이 확실히 더 수월한 게 하나 있는데, 아이와 정기적으로 분리되는 경험을 한다는 점이다. 아이와 하루 종일 함께 있다보면 육아우울증이 오기도 하고, 심리적 분리가 어려워지기도 한다. 아이가 혼자 잘 노는 상황이나 남편이나 부모에게 양육을 맡긴 상황에서도, 아이에게 신경이 가 있어서 혼자만의 시간을 보내기 힘든 엄마들이 많다. 심리적 분리는 단순히 의지만으로 되기 힘들다.

반면 워킹맘의 경우 출근길이 곧 육아 퇴근길이다. 아이도 엄마도 처음 분리되는 순간에는 어려움이 있을 수밖에 없지만, 적응이 되고 나면 규칙적으로 아이와 엄마가 분리된다. 그러다 보면 아이와 함께하는 시간에도 적절히 심리적 거리를 두는 게 가능해진다. 이는 엄마의 심리적 안정에 매우 큰 도움이 되고 양질의 양육으로 이어질 수 있다.

뻔뻔해지기, 거절과 부탁하기

워킹맘이라고 해서 때론 불필요하고 과도한 죄책감을 가지
기보다는 오히려 어느 정도 뻔뻔해지는 게 좋다. 뻔뻔하다의
사전적 의미는 '부끄러운 짓을 하고도 염치없이 태연하다'이
다. 엄마가 일하는 것이 부끄러운 건 아니지만 아무리 생각해
도 아이에게 미안한 마음이 든다면, 애써 그 마음을 부정하기
보다는 뻔뻔해지려는 노력이 도움이 된다. 나의 상황을 다른
엄마와 비교하지 말고 주어진 상황에서 나는 일도 육아도 '잘
하는진 몰라도' 내 나름대로 '열심히 하고 있다'는 자기 확신
이 있으면 아이에게 보다 긍정적일 수 있다.

그리고 거절과 부탁에 익숙해져 보자. 지금까지 일터와
집안에서 사소한 일을 요구받았을 때에 습관처럼 요구를 들
어주었다면, 이제부터는 꼭 내가 하지 않아도 되는 일은 거절
해보자. 또한 남편, 친정, 시댁 할 것 없이 주변 사람들에게 적
극적으로 도움을 구해보자. 도움을 구하는 것은 엄마로서 부
끄러운 일이 아니다. 오히려 주변의 도움을 많이 받는 엄마일

수록 긍정적인 양육 행동을 보이고, 통제적 양육을 덜 하며 칭찬을 많이 한다는 연구 결과가 있다.

　일과 가정에서 거절과 부탁에 익숙해지다보면 워킹맘으로 사느라 잃어버린 삶의 여유를 조금은 되찾게 될 것이다. 그리고 그 여유는 그동안 불필요하게 짊어지고 있던 워킹맘의 멍에를 내려놓게 해줄 것이다.

엄마만의
고요한 시간을
사수하자!

프랑스 엄마에게 배워야 할 것은 균형

프랑스 엄마들은 출산 후 3개월 만에 처녀 시절 몸매로 회복하고, 1개월만 모유수유를 하며 직장 복귀도 빠르다. 아무런 죄책감 없이 미용실에 가고, 어린이집에 아이를 데려다줄 때에도 풀 메이크업을 하고 하이힐을 신는다. 프랑스 엄마들은 엄마 스스로를 잘 가꿔야 행복하고, 그래야 아이도 행복하게 자란다고 생각한다. 프랑스 아이들이 말대꾸를 잘 하지 않는 것은 엄마가 마음의 평정심을 유지한 채 아이를 단호하면서 따뜻하게 대하기 때문이다.

육아를 할 때에 가장 중요한 것이 무엇이냐는 질문에, 나는 늘 균형이라고 말한다. 그중 가장 중요한 균형은 엄마와 아이의 균형이다.

아이를 잘 키우기 위해 아이의 욕구를 파악하는 것에만 신경 쓰다보면 엄마 스스로의 욕구를 파악하지 못하고, 자신도 모르게 지친 몸과 마음으로 아이를 대한다. 반대로 아이보다 엄마 자신의 욕구만을 채우기 위해 노력하다보면 아이는 방치될 수 있다.

엄마가 아이와 자신의 균형을 맞추기 위해서는 아이에게 집중하느라 뒷전으로 두었던 스스로의 욕구를 파악해야 한다.

아이와 분리된 혼자만의 시간을 꺼리는 이유

그렇다면 엄마 스스로의 욕구를 잘 파악하고 스스로를 잘 돌본다는 것은 무엇일까? 엄마로 살다보면 선택할 일이 참 많다. 아이의 반찬과 간식은 무엇으로 준비할지, 아이 장난감과 책은 어떤 것으로 고를지, 아이를 위한 수많은 선택의 기로에 서다보면 늘 머릿속이 복잡한 상태다. 선택하는 것이 즐거움이기보다는 그저 피곤한 일이다. 이럴 때 고요한 혼자만의 시간을 가져야 수많은 선택의 기로에서 중심을 잡고 분별할 수 있다.

선택의 홍수에 빠져 사는 엄마일수록 혼자서 느긋하게

쉴 수 있는 시간이 필요하다. 엄마는 혼자만의 시간을 통해 자신을 똑바로 마주하고 아이가 아닌 자신에게 초점을 맞출 수 있다. 결국 자신을 전보다 더 사랑하게 된다. 그럼으로써 사랑하는 아이와의 관계도 더욱 돈독해진다. 늘 아이와 함께할 때보다 오히려 아이를 느끼는 감수성이 예민하게 된다.

하지만 많은 엄마들은 하루하루를 정신없이 보내는 삶을 선택한다. 부지런한 엄마 페르소나 때문이기도 하지만, 그 이면엔 고요함 속에서 잠시 마음을 가라앉히고 감정을 느끼기가 두렵기 때문이다. 많은 엄마에게 '혼자'라는 말은 불안감을 불러일으킨다. 살아오면서 외로웠던 기억을 떠오르게 할 수도 있다. 특히 아이를 키우다보면 아이와 한없이 깊은 유대감 때문에 도리어 잠시라도 아이와 분리되는 것을 외로움으로 받아들여 힘들어할 수도 있다.

아이와 분리된 셀프 힐링 시간을 사수하자

건강을 유지하기 위해 가장 중요한 것은 몸과 마음이 충분히 쉬는 것인데 엄마에게는 더욱 필수적이다. 규칙적으로 쉬어야 한다는 인식이 없으면 결코 쉴 수 없는 삶이 엄마의 삶이다. 몸이 충분히 쉬기 위해서는 아이 없이 혼자인 상태가 되어야 하고, 마음이 충분히 쉬기 위해서는 아이와 상관없는 자신에 대해 생각할 수 있는 상태가 되어야 한다.

엄마 혼자만의 시간은 아이와 분리되는 그 시간을 미리 조금씩 준비하는 시간이기도 하다. 사실 아이와 하루 24시간 함께하는 것은 엄마의 우울증 위험을 높이고 그만큼 아이에게도 좋지 않다. 아이를 잠시 남에게 맡기기가 현실적으로 불가능하다면 일상의 작은 시간을 따로 떼어놓는 것도 좋은 방법이다.

아침에 30분 일찍 일어나기, 아이가 잠든 이후 30분 등 혼자만의 시간을 마련해보자. 그 시간만큼은 스마트폰을 멀리 두고, 컴퓨터도 TV도 하지 말아야 한다. 소음을 차단하고 고요함을 누리며 아무 생각 없이 그냥 있는 것이다.

의학 분야에는 고독의 신체적 효과를 증명하는 연구가 풍부하다. 명상과 기도 등을 반복하다보면 혈압 및 불안의 정도가 낮아진다. 피곤해 죽겠는데 잠을 줄이라고? 간절하면 어떻게 해서든 짬을 낼 수 있다. 엄마만의 고요한 셀프 힐링 시간을 필사적으로 사수하자.

CHAPTER 02.

GOOD
ENOUGH
MOTHER

오늘도 ——
아이로 인해 불안했다면

Henri Matisse, 「The Breakfast」 1919~1920

아이가 커갈수록
불안해요

영훈이 엄마는 주위 사람들로부터 육아 정보에 대해 아는 것
도 많고, 참 열심히 키운다는 평가를 받는다. 하지만 정작 그
녀는 늘 불안했다. 아는 게 많아서 더 불안했다. 세 돌까지는
엄마가 키우는 게 좋다고 해서 어린이집에 보내지 않았다. 또
기관에 보낼 시기에는 어린이집과 놀이학교에 대해 정보를
모으고 주변 이야기를 듣다가 조금씩 결정을 미루게 되었다.
그러다 아이가 어느덧 5세가 되었고, 어린이집 다니다 유치
원으로 옮길 바엔 바로 보내는 게 낫겠다 싶어 유치원을 알아
보기 시작했다. 그런데 이번엔 또 영어유치원과 일반유치원
사이에서 고민이 된다.
    또 영훈이 엄마는 아직까지 집에서 TV를 보여준 적이 한

번도 없다. TV가 아이에게 좋지 않다는 정보를 접한 뒤로 영훈이가 태어남과 동시에 TV를 처분했기 때문이다. 영훈이와 외출할 때에도 음식을 사 먹인 적이 없고, 집에서 늘 도시락을 싸가지고 다녔다. 밖에서 음식을 사 먹이면 혹시 영훈이의 아토피가 악화될지도 모른다는 생각에서였다.

키즈카페에 갈 때에도 혹시나 아이들 사이에서 유행하는 질환이 있지는 않은지, 아이가 아프다는 몇몇 엄마 카페의 최신 글을 종합해본 후 유행하지 않는다는 걸 알았을 때 가곤 한다. 육아 서적을 읽을 때마다 자신의 양육 방식이 과도한 불안 때문이라는 생각이 들었지만, 그러지 말아야지 하면서도 마음을 느긋하게 먹는 게 마음대로 잘 되지 않았다.

부적절한 죄책감이 불안을 낳는다

엄마에 대한 영화임을 제목부터 노골적으로 드러내는 영화 <마더>를 만든 봉준호 감독은 배우 김혜자 씨를 섭외하려고 애썼다고 한다. 인터뷰에서 그 이유를 김혜자 씨가 한국의 어머니상이기 때문이라고 했지만, 아마도 그 누구보다 복잡한 엄마의 심리를 표현하기 위해서는 최고의 연기력을 갖춘 배우가 필요하지 않았을까?

영화에서 인상적인 장면 중 하나는 아들의 뺑소니 장면을 목격한 엄마의 태도이다. 작두로 약재를 자르면서 아들의 뺑소니 사고 장면을 목격한 엄마는 자신의 손을 베고 만다. 그리고 아들에게 묻은 피가 자신의 피인 줄도 모르고 놀란다.

이 장면은 자신의 잘못으로 모자란 아이가 되었다는 죄책감이 아이에 대한 과도한 불안감으로 대치되고, 그것이 오히려 아이를 둘러싼 정황을 왜곡해 받아들인다는 메시지를 던져준다. 아마도 부적절한 죄책감을 가지고 사는 모든 엄마들에게 들려주고 싶은 핵심이 아닐까.

엄마니까 불안하다

단언컨대 이 책을 읽는 엄마들 중에 불안을 경험해보지 않은 엄마는 없을 것이다. 그런데 불안이 뭐냐고 물어본다면 바로 대답할 수 있는 사람도 거의 없다. 정신과의사로서 가장 많이 접하는 증상이 바로 불안인데, 대부분은 자신의 불안감을 명확하게 설명하기보다는 모호하게 표현한다. 불안의 사전적의미 역시 '불쾌하고 모호한 두려움'이다. 심리학에서 불안의 발생을 설명하려면 보통 두 가지 요인이 필요하다. 하나는 개인에게 '친숙하지 않은 상황', 하나는 '그것에 적응하려는 노력'이 필요하다. 익숙하지 않은 상황이 발생했을 때에 불안 반응이 생기는 것은 자신을 지키기 위한 본능이고, 그 상황을 자주 접하다보면 불안은 점점 줄어든다.

그런데 변화무쌍하고 예측 불가능한 아이 키우는 일을 하다보면 늘 친숙하지 않은 상황에 부딪힌다. 친숙하지 않은 상황을 접하더라도 적응하려는 노력 대신 그 상황을 외면하거나 회피하면 불안하지 않을 수 있다. 하지만 결코 외면할 수 없고 새로운 상황에 필사적으로 적응하는 것이 바로 엄마의 삶이다. 이제 좀 적응할 만하면 어느새 아이도 그만큼 자라서 엄마로서 적응해야 할 또 다른 상황에 놓인다. 엄마의 삶이 늘 불안할 수밖에 없는 이유다.

엄마가 불안하면 정상 범위의 아이도 부정적으로 인식한다

에밀 아자르라는 필명으로 콩쿠르상을 두 번이나 수상한 작가 로맹가리의 두 번째 수상작 《자기 앞의 생》을 보면 정신과 의사가 보기에 참 흥미로운 일화가 등장한다. 주인공 모모를 엄마 대신 양육하는 로자 아줌마, 그녀는 모모의 행동이 이상하다며 정신과의사를 찾아간다. 로자 아줌마와 아이를 만나본 의사는 아이는 정상이니 걱정하지 말라고 하면서도 신경안정제를 처방해준다. 그 신경안정제는 아이가 아닌 로자 아줌마에게 처방해준 것이다. 이는 실제 진료 현장과 크게 다르진 않다. 아이가 유별난 것 같아 육아 상담을 와서는 자신의 우울증, 불안장애, 불안정한 자존감 등을 상담하고, 약물로 치료받는 엄마들이 꽤 있기 때문이다. 이렇듯 엄마(주양육자)가 불안하면 정상 범위인 아이의 행동도 부정적으로 인식한다.

엄마의 불안은 정상이다

엄마가 불안하면 부적절한 죄책감으로 이어지기도 하고 아이를 부정적으로 인식하기도 한다. 그렇다고 엄마의 불안을 탓할 수만은 없다. 모든 엄마들이 정도의 차이만 있을 뿐 불안감을 가지고 있다. 열 달 동안 뱃속에서 키워낸 내 아이가 태어나면 아이를 지켜내야 한다는 모성애가 더욱 강하게 작동한다. 내가 먹여주지 않으면 그대로 굶어 죽을 것만 같은 아이를 바라보고 있으면, 이 아이를 내가 잘 키울 수 있을까 하는 불안감이 증폭된다. 특히 건강에 대한 불안감이 커지는데, 잘 먹고 잘 싸는 게 그토록 감사하다는 걸 엄마가 되어보면 실감한다. 어쩌다 아이가 구토를 하거나 설사를 하면, 또 이유 없이 심하게 울면 아이 건강에 문제가 생긴 건 아닐까 불안감이 들곤 한다. 이런 부분은 객관적 인식을 가지고 있어야 하는 의사인 나 역시도 마찬가지이다.

의과대학 시절 소아과 공부도 했고, 인턴 시절엔 응급실에서 아픈 소아들을 경험했음에도 불구하고, 주양육자로서 살아가는 나도 보통 엄마들과 크게 다르지 않다. 오히려 아는 게 병이라고, 아이가 조금만 아파 해도 잠시지만 극단적인 최악의 질환까지 상상한다. 괜찮을 것이라고 머리로 아는 것과 마음으로 아는 것은 달라도 너무 다르다. 아이의 출산과 양육 과정에서 생기는 아이의 건강에 대한 엄마의 불안은 피해갈 수 없는 일이다.

한번 시작된 불안은 다른 것들에 대한 불안으로 바뀌며 계속 이어진다. 임신과 출산 과정을 통해서는 건강과 관련된 불안을 경험하다가, 아이가 자라면 아이의 정서 및 행동에 문제가 있을까 봐 불안해 한다. 그리고 취학 이후로는 아이의 학업과 진로에 관한 걱정과 불안을 경험한다. 이처럼 불안은 엄마의 삶을 사는 이라면 누구나 경험하는 과정이다.

하지만 불안이 지나치게 크면 그 사이에 행복이 깃들기가 어렵다. 불안은 두 얼굴을 가지고 있어서 불안이 너무 적어도 너무 많아도 문제가 된다. 학창 시절에 시험공부를 하던 기억을 더듬어보면 쉽게 이해할 수 있다. 불안감이 지나치게 적으면 시험이 내일이어도 놀다가 편안한 마음으로 일찍 잠자리에 든다. 반면 밤늦게까지 졸음을 이겨가며 공부할 수 있는 것은 카페인이나 에너지 드링크의 힘이 아니다. 시험 성적이 낮게 나오는 상황을 상상하며 경험하는 불안의 힘이다.

정신과의사로서 다양한 사람들의 이야기를 들어보면, 사람의 행동에 영향을 주는 것은 신체적 요인보다 심리적 요인이 더 크다. 그 요인 중 가장 강력한 것은 불안이다. 적절한 불안감은 심리적·신체적 에너지를 일으킬 정도로 효과적인 반면, 지나친 불안감은 수많은 심리적·신체적 문제를 일으킨다.

불안을 외면하지 말고 받아들이자

불안한 엄마는 아이의 일거수일투족에 관여를 하지만, 지나치게 불안한 엄마는 오히려 아이를 회피하기도 한다. 아이와 관련된 부정적인 생각으로 인해 반복되는 극도의 불안감을 경험하다보면, 불안을 피하기 위해 아이에 대한 생각 자체를 하지 않는 방향으로 돌린다. 육아우울증에 빠져 아이를 방관하는 것도 같은 맥락이다. 아이를 회피하는 극단적인 예 중에 하나가 아이를 살해하는 것이다.

이런 지경에 이르면 엄마는 자신이 우울하고 불안하기 때문에 편협한 생각을 한다는 것 자체를 인지하지 못한다. 그러므로 엄마가 자신이 느끼는 불안을 외면하지 않고, 정확하게 인지하는 것이 도리어 엄마의 지나친 불안을 줄이는 방법이다. 아이에게 하는 수많은 행동이 적절한 불안감으로 인한 적절한 행동인지, 아니면 과도한 불안감으로 인한 지나친 행동 또는 방치 행동인지 한 번쯤 객관적으로 체크해보는 마음가짐이 필요하다.

엄마의 인간적인 감정을 허락하자

엄마의 삶이 힘든 이유는 육체적인 소진뿐만 아니라 지속되는 불안으로 인한 심리적 압박감 때문이다. 엄마로서 아이를 잘 키우기 위해 해야 할 일이 참 많은 것 같은 부담감도 든다. 이런 심리적 압박감은 아이의 발달에 고스란히 영향을 줄 수밖에 없다.

그럴수록 아이를 위해 엄마인 내가 해줄 수 있는 가장 중요한 것이 무엇인지 합리적으로 생각해봐야 한다. 부모 자신의 심리적 제한점은 아이의 바람직한 발달을 방해하거나 잘못된 사회적·정서적 발달을 유도한다고 한다. 아이가 잘 자라길 바란다면 필사적으로 엄마의 마음을 잘 지켜야 하는 이유이다.

하버드대학교에서 가장 많은 학생들이 듣는 강의 <행복학>에서 탈-벤 샤하르Tal Ben Shahar 교수는 행복 6계명을 말한다. 그중 1계명은 '인간적인 감정을 허락하라'이다. 두려움, 슬픔, 불안 등 개인이 느끼는 감정을 부정하면 좌절과 불행으로 이어지고, 이를 자연스럽게 받아들이면 극복하기가 쉬워진다고 한다.

그런 의미에서 엄마가 행복해야 아이도 행복하다는 말은 엄마가 억지로 행복의 감정을 느끼라는 말이 아니다. 엄마가 느끼는 모든 감정을 자연스럽게 받아들이는 것이 역설적이지만 행복한 엄마가 되는 지름길이다. 엄마가 느끼는 복잡한 감정 중에서도 가장 근본적인 감정인 불안, 이를 외면하지 말고 자연스러운 내 감정으로 받아들이자.

아이와 떨어져 지내면
불안해요

아이와 떨어져 있으면 불안한 엄마들

기영 씨는 남들과 비교해서 비교적 수월하게 육아를 하고 있었고 우울증에 빠질 정도로 육아가 힘든 엄마들을 이해하기 힘들었다. 하지만 연년생 둘째가 태어나면서 밥 한 끼 제대로 먹기 힘든 정신없는 하루하루를 보내면서, 혼자 도저히 육아를 감당할 수 없다는 생각이 반복해서 들었다. 하지만 대안이 없었다.

그런데 때마침 한 어린이집에서 입소 순서가 되었다고 연락이 왔다. 몇 년을 기다릴 작정이었기에 어린이집 여러 군데에 입소 신청을 해두었던 사실도 잊고 있었다. 당시 대기 순위가 한참 남았었는데 둘째가 태어나 '영유아 2자녀 이상'으로 등록돼 순위가 대폭 오른 것이다. 방송을 봐도 육아서적을 봐도 세 돌까지는 엄마가 키우는 게 좋다고 하지만, 고민 끝에 기영 씨는 첫째를 어린이집에 보내기로 결정했다.

어린이집에 먼저 보낸 주변 엄마들의 말을 익히 들었던 터라 처음 아이가 엄마와 떨어지기 힘들어하는 것을 그러려니 했었다. 하지만 아침마다 엄마를 부르며 우는 아이를 맡겨 두고 눈물을 훔치며 집으로 와야 하는 일이 한 주 한 주 반복되자 조바심이 들었다. 그 조바심은 결국 어린이집 적응 실패로 이끌었고, 힘들게 둘을 돌보는 육아 전쟁의 일상으로 되돌아가게 만들었다. 이러한 일상을 견디기 위해 기영 씨는 아이와 떨어져서 마음이 힘든 것보다, 아이와 함께하며 몸이 힘든 게 낫다고 스스로 꾸준히 세뇌시켰다.

아이를 위한 것일까, 나를 위한 것일까

JTBC 드라마 <SKY 캐슬>은 아이의 의지가 아니라 엄마의 의지로 아이들을 이리저리 휘두르는 극성맘의 모습을 리얼하게 보여준다. 특히 내 아이의 교육을 위해서라면 뭐든지 할 수 있다는 등의 대사는 엄마들의 반감과 공감을 동시에 얻었다.

이러한 극성맘의 심리는 '반-우울적 나르시즘'이라는 개념을 빼놓고 말하기가 어렵다. 이 개념은 부모 스스로가 이루지 못한 꿈 때문에 발생한 우울감에서 벗어나기 위해, 자녀를 자기가 생각하는 이상적인 모습으로 키우면서 그것이 자신인 것처럼 동일시하며 만족감을 얻는 것을 말한다.

특히 사회적으로 인정받던 커리어우먼으로 살다 아이 때문에 육아에 전념한 경우, 포기했던 사회적 성취를 아이를 통해 이루려는 욕구가 강하다. 자녀가 잘되면 순수하게 기뻐하는 것이 아니라 마치 자기가 잘된 듯이 여기는 심리다.

반대로 아이가 자신이 생각하는 이상적인 모습으로 성장하지 않을 때, 부모 스스로가 이루지 못한 꿈을 아이를 통해서도 이루지 못하는 경우 불안감은 매우 크다. 결국은 아이를 위한 극성이 아니라 자신을 위한 극성인 셈이다.

심리적으로 아이와 분리되지 못하는 헬리콥터맘

임신 기간 동안 엄마와 아이는 탯줄로 연결되어 있다. 출생과 동시에 탯줄이 끊어지며 엄마와 아이는 신체적으로 분리가 되지만 심리적인 분리는 되지 않는다. 아이의 입장에서 생후 3개월 정도까지는 엄마와 자신이 한 몸이라고 생각하고, 이

후에도 심리적인 분리가 되지 않아 두 돌 정도까지는 분리불
안을 경험한다.

하지만 그 기간이 지나 엄마는 보이지 않아도 존재한다
는 '대상항상성'이 생겨나면 아이는 어느 정도 엄마와 심리적
인 분리를 할 수 있다. 엄마와 잠시 떨어져 어린이집 등에서
지내더라도 안정적으로 잘 지낼 수가 있는 것이다.

문제는 엄마가 아이와 심리적 분리를 하지 못하는 경우
다. 엄마가 분리불안을 느끼면 양육 죄책감을 많이 느끼고,
이것은 성공적인 육아에 있어서 가장 중요한 요인인 양육 효
능감을 저하시킨다는 연구 결과가 있다. 특히 한국 엄마들이
양육 죄책감을 많이 느낀다. 육아 우울증이 극심해 스스로 목
숨을 끊거나 영아 살인을 하기도 한다. 아이를 자신과 구분하
지 못하고 자신의 일부분이나 분신으로 여기기 때문에 그런
선택을 하는 것이다.

분리불안이 있는 엄마들은 아이의 일거수일투족에 관여
하고, 심지어 아이 인생의 주체가 되어 살기도 한다. 그게 바
로 아이 주위를 빙빙 돌며 치맛바람을 일으키는 엄마를 일컫
는 '헬리콥터맘'이다.

분리불안이 있는 엄마의 아이들은 대부분 의존적인 아이로 자란다

헬리콥터맘에게서 자란 자녀는 언뜻 보기엔 모범생처럼 보일 수도 있다. 엄마가 대부분을 결정하기 때문에 자기주장을 펼칠 일이 적고, 자연히 갈등 상황이 적기 때문이다. 그래서 실은 모범생이 아닌 책임지기 싫어하고 돌봄받는 것에 대한 과도한 욕구가 있는 의존적인 아이가 될 확률이 높다. 의존적 성향은 부모가 어릴 때부터 욕구 충족을 너무 바로바로 해줘서 그렇다고 생각하지만, 최근 추세는 부모가 욕구 충족을 늦게 해주거나 일관되게 적용하지 않았을 때 생긴다고 본다.

어려서부터 은연중에 나의 주장이 거부당하거나 강압적으로 키워져서, 자기 주장을 했을 때 거부당할 것이란 두려움을 '의존'이라는 행동으로 극복하는 것이 패턴화된 것이다. 지나치게 의존적인 성향을 지닌 자녀가 아무리 성공한다 한들 대학 진학까지가 전부이다. 대학생활부터는 수강신청부터 스스로 결정해야 할 일이 많아진다.

최근엔 헬리콥터맘의 활동 범위가 더 넓어지고 있다. 대학 교수들은 예전보다 어려움을 겪고 있는데, 그건 바로 학부형의 관여 때문이다. 자식의 학점에 대해 항의 전화하는 학부형이 늘어나고 있다. 직장 상사의 고충도 마찬가지이다. 갑작스러운 사정으로 결근을 할 때도 엄마가 대신 직장으로 전화를 하기도 하며, 심지어 왜 우리 아이 야근이 잦은지 항의 전화를 하기도 한다. 며느리의 야근 때문에 직장 상사에게 전화하는 시어머니까지 있다고 한다. 물론 며느리 사랑이 극심해서는 아니다. 왜 우리 며느리 야근시켜 우리 아들 저녁밥도 차리지 못하게 하냐는 이유다.

이런 엄마에게 자란 자녀는 직장생활뿐만 아니라 경제활동조차도 의존적인 사람으로 성장한다. 성인이 된 이후에도 엄마에게 의존하는 것이 당연시되고, 엄마 역시 늘 하던 대로 성인이 된 지 이미 오래인 자녀의 경제적인 책임까지 떠맡는다. 헬리콥터맘은 이렇게 '기생자녀'를 낳게 된다.

아이에게 올인하는 엄마는 삶이 공허하다

물론 헬리콥터맘으로 사는 것도 힘들다. 열심히 헬리콥터 프로펠러를 돌리며 자녀를 키웠더니 기생자녀가 된 꼴이라니 엄마로서는 참 억울하다. 그런데 정말 억울한 것은 아이의 인생이 아닌 엄마 자신의 인생이다. 헬리콥터맘으로 사는 동안 자신의 인생은 없었기 때문이다. 돈도 시간도 여유가 있어 인생의 황금기라 불리는 중년에도 성인 자녀의 헬리콥터맘으로 지내는 엄마들을 많이 본다. 자신의 인생을 살지 못하고 아이 뒷바라지가 유일한 낙인 삶을 20년 이상 사는 것도 사실 웬만한 에너지 없이는 불가능한 일이다. 이런 에너지의 근원은 다름 아닌 불안인 경우가 많다.

헬리콥터맘도 이와 마찬가지로 불안을 에너지원으로 한다. 그것은 엄마의 분리불안으로 나타나고 그 이면에는 엄마 자신의 삶에 대한 공허한 감정이 있다. 극성맘으로 살던 엄마가 더 이상 그럴 필요 없는 상황이 되면 심리적 갈등이 해결될 것 같지만, 중년의 주부가 자기 정체성 상실을 느끼는 심리적 현상인 '빈둥지 증후군'의 예만 보아도 그렇지 않다.

아이의 분리불안이 아닌 엄마의 분리불안을 해결하지 않으면, 엄마의 인생은 끊임없이 헬리콥터의 프로펠러를 돌리느라 모든 에너지를 소모해버려 더 공허한 공기로 채워질 것이다. 이제부터라도 아이를 위해서라기보다는 엄마 스스로의 인생을 위해 아이와의 심리적 탯줄을 끊어보자. 조금씩 아이와 더 떨어져 있어보고 조금만 덜 간섭해보면, 나 자신을 위해 누릴 수 있는 것들이 생각보다 많다는 것을 발견할 것이다.

"문제는 엄마가 아이와

심리적 분리를 하지 못하는 경우다.

엄마가 분리불안을 느끼면

양육 죄책감을 많이 느끼고,

이것은 성공적인 육아에 있어서

가장 중요한 요인인 양육 효능감을

저하시킨다는 연구 결과가 있다."

Henri Matisse, 「Red Fish」, 1912

자꾸 마음이
조급해져요

다음 할 일에 대한 생각으로 마음이 조급한 엄마

매일이 긴장의 연속인 재인 엄마. 빨래를 모아 세탁기에 넣고 스위치를 켜고 있는데 아이가 어느새 베란다까지 맨발로 따라 들어와서 거기에 있겠다고 버틴다. 어쩔 수 없이 아이를 안고 부엌으로 나오니 싱크대 개수대에 수북이 쌓인 그릇들이 눈에 들어온다. 한숨을 쉬며 설거지를 하면서 눈으로는 수시로 아이가 위험한 행동을 하지는 않는지 살핀다. 빨리 설거지를 끝내고 싶은 마음이 굴뚝같지만, 거실 테이블 위 액자를 잡아당기는 아이에게 달려갈 수밖에 없는 현실에 갑자기 숨이 턱하니 막힌다. 급하게 벗은 젖은 고무장갑을 다시 끼려니 마찰 때문에 손이 잘 들어가지 않아 짜증이 나는데, 겨우 고무장갑을 낀 그때 하필이면 아이는 또 목이 마르다며 다리를 붙들고 물을 달라고 소리 지른다.

다시 설거지를 하면서 시계를 보니 벌써 오후 5시. 저녁을 준비해야 한다는 조급함까지 더해져 마음은 더 불안해진다. 오늘은 뭘 준비해야 하나, 남편 밥과 반찬, 첫째 밥과 반찬, 둘째 이유식까지, 해도해도 끝이 없는 집안일에 내가 언제까지 이러고 살아야 하나 하는 생각에 우울감마저 밀려온다.

그때 급기야 식탁 위에 있는 과자가 먹고 싶다고 떼를 쓰는 첫째에게 재인 엄마는 소리를 지르고야 만다. 그녀는 뭔가에 쫓기는 이 느낌이 정말 싫었다. 생각해보면 아이를 낳고 뭔가에 쫓기지 않고 여유로운 시간을 보낸 적이 없었다. 양치질을 하면서도, 샤워를 하면서도, 아이 밥을 먹이면서도, 목욕을 시키면서도 다음 할 일에 대한 생각으로 가득한 일상을 보냈다.

조급한 마음의 이유

엄마가 되면 기본적으로 여러 가지 일을 동시에 수행할 수 있는 능력이 생길까? 남성과 여성을 비교해보면 멀티태스킹과 관련된 해부학적 구조가 다르다. 우뇌와 좌뇌를 연결시켜주는 뇌량이라는 구조물의 굵기가 여성이 더 두껍고, 그 연결 상태도 30퍼센트나 더 우수하다. 그러나 단순히 그러한 다중트랙이 잘 발달되어 있기 때문에 여성이 남성보다 멀티플레이를 잘하는 건 아니다. 여러 가지 일을 잘하고 못하고를 떠나서 분명한 것은 엄마의 삶은 늘 쫓기듯이 분주하다는 점이다.

한 연구에 의하면 아이가 있는 남자의 42퍼센트, 여자는 67퍼센트가 여러 일을 동시에 한다고 한다. 또 다른 연구에 의하면 엄마들은 아빠들에 비해 평균 일주일에 10시간 더 다중작업을 하고, 이 시간 대부분을 집안일이나 아이 돌보는 일에 사용한다고 한다.

일을 동시에 할 수 있는 만큼 마음도 여유로우면 참 좋을 텐데, 안타깝게도 엄마들은 늘 조급함을 경험한다. 실제로 한 연구에 의하면, 아이가 없는 여성에 비해 아이가 있는 엄마는 다급하게 쫓기는 느낌을 2.2배나 경험한다고 한다. 어찌 보면 일을 동시에 할 수 있는 능력보다는, 동시에 할 수밖에 없는 상황과 그저 엄마이기 때문이 아닐까란 조심스런 생각을 해 본다.

여느 집과 마찬가지로 우리 집도 아이들이 어렸을 때 아침마다 소위 전쟁터나 다름없었다. 우리 부부가 아침마다 두 아이를 챙겨 나서려면 기본적으로 한 시간 반 정도가 걸린다. 그것도 적응한 후의 이야기이지, 초반에는 2시간이 넘어 과연 이 일을 아침마다 반복할 수 있을지 의구심이 늘기도 했다. 출근 시간은 정해져 있고, 아이들은 항상 변수였기에 준비 시간을 초과하진 않을까 노심초사했다. 아이들은 아침 시간이 부족한 날엔 유난히 평소와 달리 밥을 먹기 싫어한다. 이를 악물고 설득해서 겨우 밥을 먹이고 나면, 어느새 시간은 훌쩍 지나 있고, 그때 건드리면 폭발할 듯한 긴장감에 휩싸이게 된다.

아이들 기분 역시 예측 불가능해서 짜증만으로 고수하는 날도 있고, 옷을 입을 때에도 신발을 신을 때에도 협조가 잘되지 않고 유난히 자신만의 스타일을 고집해서 수차례 옷을 갈아입혀야 하는 날도 있다. 그래도 데드라인은 지켜야 하기에 어쩔 수 없이 아이의 욕구를 무참히 짓밟으면 첫째는 통곡을 하고, 지켜보던 둘째도 누나 따라 통곡을 한다. 두 아이를 안고 차에 태우고 출발하기 직전까지의 긴장감은 최고조에 달한다. 그리고 그것은 고스란히 분노로 바뀐다. 제발 운전할 때만큼은 아무것도 요구하지 않았으면 좋겠는데, 끊임없이 질문하는 첫째에게 대충 단답형으로 대답해버리기도 한다.

그런데 출근해서 중간중간 여유가 생길 때 아침 일을 생각하면 미안한 감정이 올라온다. 조금 더 빨리 일어났다면 첫째가 입고 싶은 옷으로 수없이 갈아입혀줬을 텐데, 그러면 아이가 떼를 쓰지 않았을 텐데. 하지만 다음 날에도 아침 전쟁은 고스란히 반복되고 감정 또한 반복된다.

예측 불가능함이 엄마를 조급하게 만든다

인간은 돌발 상황에 놓이면 교감신경이 흥분된다. 교감신경은 위급한 상황일 때 신체가 몸을 비상 모드로 바꿔 이에 효율적으로 대응할 수 있도록 준비시키는 기능을 한다. 원시시대로 치면 맹수 등 위험한 동물로부터 자신을 지키도록 각성되고, 심장은 더욱 열심히 펌프질해 근육에 힘이 모이게 한다. 또 소화기능과 같은 불필요한 기능은 억제하는 등 몸과 마음을 세팅하는 것이다.

엄마의 가장 기본적인 역할은 아이를 안전하게 지키는

것이다. 그러기 위해서는 어쩔 수 없이 종종 교감신경이 자극되어야 한다. 아이는 잠시만 방심해도 위험 상황에 쉽게 노출되고, 스스로를 위험한 상황에 노출시키는 존재이다. 하지만 교감신경은 위급한 상황에서만 자극되어야 하는데, 엄마로 살다보면 위급한 상황이 아닌데도 교감신경을 수시로 자극시키는 일이 흔하다.

교감신경은 필요할 때에만 써야지 수시로 사용하면, 교감신경을 포괄하는 자율신경이 불균형 상태가 된다. 결국 혈압, 맥박 등이 잘 조절되지 않아 쉽게 긴장 상태에 놓여 두통, 피로 등 건강에도 영향을 미친다.

엄마는 매일 긴장으로 인해 불안하다

조급함과 긴장 상태를 일부러 즐기는 사람은 아무도 없을 것이다. 보통은 긴장과 이완의 순간을 반복하며 살지만, 가능하면 잠시도 긴장하고 싶지 않을 것이다. 그런데 엄마의 삶은 물론 적절한 긴장감은 일의 효율을 높여준다는 긍정적인 측면이 있다. 적절한 긴장감은 적절한 스트레스 가운데 적절한 코르티솔 호르몬이 분비될 때 찾아온다. 과하지도 덜하지도 않은 적절한 긴장과 스트레스가 가장 좋다. 하지만 아쉽게도 엄마의 삶은 소박한 그 꿈마저 허락되질 않는다. 매일 매순간이 지나친 긴장의 연속이다.

그나마 아이가 잠을 자고 있는 동안엔 긴장감을 잠시 내려놓을 기회가 찾아온다. 그 소중한 그 시간을 어떻게 사용하면 좋을지 생각하다가 또다시 긴장이 반복되곤 한다. 지나치게 긴장이 연속되면 과도한 코르티솔 분비, 불필요한 상황에서의 아드레날린 분비, 세로토닌 불균형까지 일으켜 수많은 정신과적 질환으로 이어지기도 한다. 엄마들에게 가장 흔한 감정은 우울과 불안인데, 이러한 상태에 놓이면 이전에 느끼던 긴장감의 체감 정도는 더욱 심해진다. 한마디로 긴장이 긴장을 낳는 것인데, 안타깝게도 이것 역시 엄마들에겐 흔한 일상이다.

긴장하지 말고 마음의 여유를 가지라고 말로 하기는 참 쉽다. 아이와 관련된 모든 것은 예측 불가능하기 때문에 엄마의 삶은 긴장을 늦출 수가 없다. 어쩌면 예측 불가능한 것을 예측하고 예측대로 되기를 기대하는 마음 자체가 문제일지도 모른다. 그래서 아이가 예측 불가능하다는 점을 일종의 게임처럼 즐기고, 아이가 보여주는 매일의 새로움, 가끔은 그것을 고스란히 지켜보며 즐기는 웃음, 예측 불가능함을 누리려는 발상의 전환이 필요하다.

또한 불필요한 교감신경 자극은 최소화하는 것이 좋다. 교감신경을 자극하다보면 자율신경이 불균형해지고, 위급하지 않은 상황에서도 위급하다고 여겨 쉽게 각성하며 흥분한다. 적절한 촉매가 있을 때에는 여지없이 분노한다.

엄마 자신에게 미치는 부정적인 감정은 함께 있는 아이에게도 고스란히 전달된다. 매일 아침 한정된 시간에 아이를 챙기느라 교감신경을 흥분시키기보다는, 몸이 피곤해도 30분 더 일찍 일어나서 아침을 준비하는 것이 육아라는 마라톤을 완주하기 위해서는 훨씬 유익하다.

조급해질 때마다 몸이 쉬는 시간을 만들자

심리 치료 방법 중에 행동치료법의 일종인 이완요법이 있다. 몸과 마음이 연결되어 있어 몸이 긴장하면 마음도 불안해지고, 몸의 긴장을 이완시키면 마음도 편해진다는 원리를 이용한 치료법이다. 나 역시 반복되는 전업 육아 일상을 경험하며 끊임없는 긴장감으로 인해 늘 쫓기는 마음에서 벗어날 수 없었던 적이 있었다. 솔직히 많았다. 그래서 더욱 엄마들 스스로 마음을 다잡기란 불가능에 가깝다는 것을 인정한다.

하지만 마음의 여유를 가지기는 어려워도 규칙적으로 몸을 쉬게 할 수는 있다. 쉴 때에는 스마트폰과 나의 할 일 목록을 모두 제거한 채 오로지 쉬는 것에 집중해야 한다. 몸의 모든 근육이 지금 이완 상태라는 생각에 집중하며 천천히 숨을 들이마시는 것이다. 늘 쫓기는 마음의 해결법은 편안한 마음을 먹는 것이 아닌, 편안한 몸 상태를 위해 최대한 노력하는 것이다. 엄마가 느긋한 마음을 가지고 편안한 몸을 추구하는 것은 결코 사치가 아니다. 엄마니까 느긋해야 하고 좀 더 쉬어야 한다.

무엇보다 긴장과 조급함이 반복되면 아이의 예쁜 순간을 많이 놓치게 된다. 아이의 엉뚱한 질문에도 지혜롭게 대응하지 못하고 감정적인 말실수를 하기도 한다. 아이를 위해 나를 위해 잠깐이라도 아무것도 하지 않는 시간, 몸이 쉬는 시간을 만들자.

완벽하게 아이 키우고
싶은 마음 때문에 긴장돼요

다른 사람을 의식하며 완벽하게 육아하려는 엄마

아이가 걱정된다며 나를 찾아온 경희 씨는 아이를 출산한 지 3개월이 갓 지난 초보 엄마였다. 그런데 특이하게도 본인이 아니라 남편이 상담을 의뢰해 함께 내원했다. 각자의 이야기를 들어보니 남편은 아내가 아이의 일거수일투족에 지나치게 민감하여 예민해졌다고 호소했고, 아내는 남편이 아이를 돌보지도 않을 뿐더러 평소의 안일한 성격 때문에 아이의 건강에 이상 신호가 와도 대수롭지 않게 여긴다며 불만이 가득했다. 부부가 함께 내원한 경우에 남편은 잠시 대기실에 있게 한다. 그리고 아내가 살아온 이야기를 먼저 들어보았다.

그녀는 어머니의 기대에 부응하기 위해 늘 성실하게 자라왔고 꼼꼼한 성격 때문에 직장에서도 실수 없이 주어진 일을 확실하게 처리해 늘 인정받고 자란 사람이었다. 자신의 성향에 대한 자부심이 상당했고, 자신과 반대 성향을 가진 남편과 결혼한 후에는 남편의 무계획적이고 충동적인 부분과 부딪히는 일이 많아졌다. 결국 아이가 태어난 이후, 그 문제가 더욱 증폭된 것이다.

완벽주의는 육아에서만큼은 통하지 않는다

언젠가 가수 박진영이 SBS <힐링캠프, 기쁘지 아니한가>에 출연해 철저한 자기관리 삶의 바탕인 '완벽주의' 성향에 대해 자세히 보여주어 화제가 되었다. 아침마다 7가지 종류의 비타민과 영양제를 먹고, 아침식사는 정확히 15분 동안 동일한 음식을 먹으며, 아침마다 30분 동안 운동을 하는 등 하루의 시작부터 철저한 모습에 시청자들은 감탄을 금할 수 없었다. 기본적인 생활 패턴을 구체적으로 정해놓은 것도 대단한데, 그 규칙을 17년간 철저하게 지키며 매일 같은 생활을 하고 있다니 스스로 자부심을 충분히 느낄 만하다. 시청자들은 그렇게 철저한 자기관리가 대한민국에서 손에 꼽히는 엔터테인먼트 JYP 대표, 지금의 박진영을 만들었다고 이야기했다. 이처럼 완벽주의가 성공의 열쇠가 되는 경우가 많다. 하지만 엄마로서 성공하는 것은 조금은 다른 문제다.

갓난아이처럼 엄마도 처음엔 갓난엄마

엄마로 살다보면 자신의 생일은 잊어도 아이의 생일은 결코 잊지 못한다. 아빠는 종종 아이의 생일을 잊는 경우가 있지만 해산의 고통과 출산의 기쁨을 동시에 느낀 엄마들은 그날을 어떻게 잊을 수 있을까.

　　따지고 보면 그날은 결코 아이 생일만은 아니다. 나 스스로도 엄마로서 태어난 날이다. 아이가 돌이 되면 나도 엄마로서 돌이 된 것이고, 아이가 나이를 먹을수록 나도 엄마로서 나이 먹어가는 것이다. 갓 태어난 아이는 부모의 도움 없이는 아무것도 할 수가 없는 연약한 존재이다. 마찬가지로 엄마로서 처음 태어난 순간도 엄마로서 미흡한 점이 많고 아이와 같이 연약한 존재이다. 그런데 많은 엄마들이 자신을 갓난아이처럼 '갓난엄마'임을 인정하지 않고, 아이가 태어나면 한순간에 완벽한 엄마 역할을 해야 한다고 생각한다.

엄마의 성향은 타고난 기질도 있고 살면서 형성된 부분도 있다. 특히 완벽주의적인 성향이 있는 경우엔 엄마가 되고 나서 스스로 많이 힘들어지는 경우가 많다. 평소 아무리 꼼꼼하지 않고 털털한 성격이어도, 엄마가 되고 나면 좋은 부모가 되어 아이를 잘 키우겠다는 열정과 엄마 특유의 기본적인 불안감 때문에 보다 완벽주의적인 성향을 가진다.

완벽주의적인 것과 일을 잘 처리하는 것은 어찌 보면 별개의 문제인데도 완벽주의 성향을 가진 사람은 평소 꼼꼼하게 계획하기를 좋아하고, 그대로 하나하나 실천하며 달성하는 것을 기쁨으로 여긴다.

그렇게 살아온 삶의 패턴 때문에, 특히 계획대로 잘 수행해온 경우엔 자신의 성향에 대한 자부심까지 있다. 그런데 완벽주의 엄마들이 모르는 함정은 아이를 키우는 일은 아무리 노력해도 결코 계획대로 될 수가 없다는 것이다.

완벽하게 할수록 육아는 더 엉성해진다

나탈리 포트만이 열연한 영화 <블랙스완>은 완벽주의의 양면을 보여준다. 백조와 흑조의 상반된 연기를 완벽하게 소화해야 하는 프리마돈나의 고충을 다룬 이 영화는 마지막 장면에서 완벽주의의 함정을 여실히 드러낸다. 주인공이 공연을 멋지게 끝내며 피가 흘러내리는 배를 움켜쥔 채 내뱉는 한마디는 바로 "나는 완벽해"이다. 완벽은 이루었지만 자기는 완벽하게 파멸되는, 완벽주의의 아이러니를 적나라하게 보여준다.

물론 완벽주의 성향은 그 목표와 수행이 잘 맞아떨어지면 좋은 결과를 달성할 수 있다는 장점이 있다. 하지만 목표가 되는 것이 변화무쌍하여 계획대로 이루어질 수 없는 종류의 것에서는 오히려 독이 되기도 한다.

이상적인 모습을 꿈꾸면 꿈꿀수록 현실은 그것과 멀어질 소지가 있다. 육아에서 완벽주의적인 성향을 무리해서 고수하다보면 결국 아예 손을 놓아버리는 일이 많다. 또 손을 놓지는 않더라도 매일 반복되는 계획의 실패와 그로 인한 패배감은 엄마의 마음을 위축시키고, 그러한 마음은 아이를 키우는 행동에 그대로 영향을 줘 아이 또한 완벽주의적 성향을 가진 아이로 자랄 소지가 많다.

육아는 마라톤이다

아이 태어나고 첫 3년만 눈 딱 감고 고생하면 된다는 이야기가 있다. 하지만 아이를 키우는 일은 결코 3년 안에 해결되지 않는 20년 이상의 장기전이고 마라톤이다. 처음부터 전력 질주하는 것보다 길게 보고 자기 페이스를 조절할 필요가 있다. 그런데 엄마가 되고 나면 희한하게도 사고의 폭이 좁아진다. 아이의 인생도, 조력자인 엄마의 인생도 그에 맞춰 길게 봐야 하는데, 처음이기 때문에 완벽주의를 추구하는 것을 불안의 피난처로 삼는다.

사람은 어떠한 감정을 경험하더라도 그것 자체로 자연스러운 것이고 타당한 것이다. 억지로 억누른다고 해결되지 않는다. 감정을 인식하지 않고 회피하는 방법을 사용하다보면 그것이 하나의 패턴이 되고, 그러다보면 어느덧 감정을 느끼지도 못한다. 때문에 완벽주의적인 성향이 있는 엄마일수록 비록 힘들지만 의식적으로라도 완벽하게 육아하려는 마음을 내려놓아야 한다.

'모르는 게 약이다'라는 말과 '아는 게 힘이다'라는 말 중에 어떤 말이 맞을까? 물론 상황에 따라 다르지만 분명한 것은 자신의 심리적 성장을 위해서는 자신에 대해 아는 게 약이고 힘이다. 엄마로서 완벽해지고 싶은 스스로의 마음을 탓할 필요는 전혀 없다. 엄마가 되면 지극히 자연스러운 생각이기 때문이다.

하지만 세상에 완벽한 사람은 없다. 정신분석의 선구자인 프로이트가 말한 정상적인 사람의 기준도 히스테리 성향 약간, 편집적인 성향 약간, 강박적인 성향이 약간 있는 사람이다. 완벽함을 목표로 하기보다는 자신의 부족한 점, 연약한 점이 무엇인지 아는 것을 목표로 하는 게 좋다. 실제로 완벽주의 이면에는 자신의 결함을 감추고자 하는 무의식적 동기도 많다.

분석심리의 창시자 융은 전체 인격 발달을 목표로 하는 과정 중 개성화 과정을 강조했다. 그리고 그 개성화 과정에서 중요한 것은 마음속에서 대립하는 것의 결합이라고 했다. 융은 개인 성격 중 스스로 부정적으로 여기는 부분을 '그림자'라고 말하는데, 그 그림자는 누구에게나 있기 때문에 없애려고 하기보다는 그림자에 짓눌리지 않고 그림자와 화해해야 한다고 말했다. 또 "가장 몸서리치게 두려운 것은 자기 자신을 완전하게 다 받아들이는 것이다"라고 말했다.

나의 그림자를 보고 받아들이기 쉬운 것은 아니지만 용기를 내어 그 과정을 거치고 나면 마음이 편안해지고 그만큼 완벽주의가 해결되는 경험을 하게 된다. 그러므로 부족하고 연약할 수밖에 없는 엄마라면 오히려 아는 게 힘이다. 자신에 대해 그리고 자신의 부족한 점에 대해 아는 걸 두려워하지 말자.

Henri Matisse, «The Dream», 1935

아이의 요구를 들어주지
못할 때마다 걱정돼요

아이가 원하는 걸 들어줄지 말지 고민하는 엄마

오늘도 지은이 엄마는 아침마다 어린이집에 가지 않겠다고
우는 아이를 달래서 어린이집에 보냈다. 어린이집을 보내야
하는 아침 일상은 엄마들에겐 흔한 일상이지만, 아이가 감기
라도 걸린 날에 갈등한다. 지은이 엄마도 그랬다. 아플 때마
다 어린이집에 보내지 않는 것은 과잉보호인 것 같고, 아픈데
도 어린이집에 보내는 것은 방임인 것 같았다. 지은이 엄마는
선택의 여지가 없는 워킹맘이었지만 전업맘도 둘째를 보거
나 집안일을 하거나 여러 가지 계획에 차질이 생기기 때문에,
어느 정도 죄책감을 감수하면서 방임처럼 여겨지는 선택을
하기도 한다.

하지만 '엄마 나빠! 엄마한테 실망했어!'라고 말하는 듯한

아이의 표정을 보고 있자면 지은이 엄마는 마음이 참 복잡하다. 온실 속 화초처럼 키우는 게 잘 키우는 게 아니라며 스스로 위로하면서도 뭔가 찝찝하다. 아이를 애지중지 키우는 게 잘 키우는 것일까? 방관하듯 키우는 게 잘 키우는 것일까? 그녀는 매일 고민에 빠져 있다.

과잉보호와 방임 사이에서 흔들리는 엄마들

애니메이션 <니모를 찾아서>에서 니모의 아빠 말린의 동행자 도리는 아이를 완벽하게 보호하고 싶은 엄마들을 위한 명언을 남겼다. 납치당한 니모를 구하러 가는 길에 고래 입속에 갇힌 말린은 절망하며 말한다.

> "절대 아무 일도 일어나지 않게 지켜주겠다고 약속했는데…"
> 이 말을 듣던 도리가 말한다.
> "별 이상한 녀석도 다 있네. 어떻게 아무 일도 일어나지 않게 지켜줄 수 있어? 아무 일도 안 일어나봐. 걘 무슨 재미로 살겠어?"

과잉보호든 방임이든 극단적인 것은 아이에게 좋지 않다. 우선 과잉보호하는 엄마는 평소 아이의 능력을 의심하는 경향이 있어, 아이는 성장하면서 세상을 탐색하고 스스로 장애물을 극복하는 능력을 키우지 못해 열등감을 강하게 느끼는 경우가 많다. 또한 자율성을 발달시키지 못해 과도하게 의존적이거나 소극적이고, 성장하면서 수행불안, 신경증, 분리불안 등을 경험할 가능성이 크다. 사회관계에서도 위축되어 원만한 상호작용을 친구들과 맺지 못하고 사회 적응을 못한다. 더구나 과잉보호가 지나쳐 통제적인 양육을 받으면 욕구불만 등 심리적 갈등이 많아 정서 장애를 일으키고, 공격적이고 반항적인 부적응 행동 등 학교 적응 문제가 생긴다.

　　반대로 방임적 양육을 하는 엄마는 아이 발달에 무관심하고 관여를 적게 하며, 칭찬이나 훈육이 없고 정서적 욕구도 채워주지 못한다. 그래서 방임적이고 회피적인 양육을 받은 아이는 공격적, 적대적, 퇴행적, 수동적이 되기도 한다. 그렇게 자란 아이들은 낮은 사회성 때문에 또래와 상호작용이 부족하고, 비행과 관련되기 쉽고 우울한 성향도 보인다.

비록 타당한 요구일지라도 경제적·시간적 문제 때문에 아이의 모든 요구를 들어줄 수는 없는 게 현실이다. 하지만 현실은 현실이고, 엄마는 요구를 들어주지 않아 아이가 실망할까 봐 우려와 동시에 미안한 감정을 고스란히 느낀다. 게다가 아이와 관련된 자신의 처지에 관한 분노끼지 느낀다. 좋은 감성으로 충만해야 할 것만 같은 엄마가 분노라는 감정을 느낀 것에 대한 죄책감까지 더해져 복잡한 감정의 소용돌이 속으로 휘말려 들어가곤 한다. 사실 복잡한 감정의 가장 큰 원인은 아이의 욕구 미충족이 아니다. 육아에 있어서 자신의 실패를 용납하지 않으려는 엄마의 욕구, 즉 자만심 때문이다.

아이는 성장을 거듭할수록 어쩔 수 없이 실망을 맛본다. 보통 아이가 처음으로 실망감을 느끼는 시기는 걷기 시작하는 돌 무렵이다. 걷기 연습을 하며 수없이 넘어지면서 스스로 할 수 없는 일이 존재한다는 것을 깨닫게 된다. 이때 아이는 분노, 짜증 등의 감정도 경험한다. 동시에 이러한 실망과 좌절을 통해 감정을 조절하고 치유해나가는 방법을 배우기도 한다. 이를 '회복 탄력성'이라고 한다.

아이가 어느 정도는 실망감을 느껴도 괜찮다. 이때 엄마는 '아이를 실망시키지 않았어야 하는데……'라며 자책하고 패배감에 사로잡힐 것이 아니라, 아이가 '실망'이라는 감정에 대응하고 회복하는 걸 도와주면 된다. 아이와의 관계를 인내심 있게 회복하면서 그 관계를 유지하기 위해 노력하면 된다. 아이가 감정적으로 힘들어 할 때, 해결해줄 수 있는 문제면 해결해주면 된다. 그렇지 않다면 아이와 함께 있어주면서 아이를 위로하고 아이의 부정적인 감정 경험을 나누는 것이 엄마가 할 일이다.

아이는 엄마의 행동보다 마음에 의미를 부여한다

행여 아이가 실망해 아이와의 관계에 균열이 생겼다 하더라도 괜찮다. 평소에 엄마가 아이의 욕구에 민감하게 반응해왔다면, 아이는 처음에는 조금 혼란스러울 수 있지만 결국엔 엄마가 자신의 욕구에 반응하지 않은 의도를 이해한다.

연인관계나 부부관계에서 약간의 갈등 상황도 용납하지 못하고 조금만 삐걱거려도 관계가 깨질 듯이 민감하게 반응하는 사람이 있다. 그런 경우는 관계의 균열과 회복의 과정을 제대로 경험하지 못한, 다른 말로는 안정적인 애착 경험이 부족한 사람일 가능성이 높다. 사실 아이는 엄마가 자기의 요구를 들어주고 안 들어주고에 대해 생각만큼 큰 의미를 부여하지 않는다. 엄마가 나의 감정을 공감해주고 나도 엄마의 공감 반응을 보고 감동받는, 서로 주고받는 즐거움과 기쁨을 누리기를 좋아할 뿐이다. 그런 의미에서 아이의 요구를 최대한 충족시켜줘야 한다는 부담감은 내려놓아도 괜찮다.

행동은 통제해도 감정은 통제하지 않는다

아이의 자율성을 존중해줄 것인가 통제할 것인가는 엄마들의 영원한 고민거리이다. 아이가 어릴수록 수용을 많이 해주면 자율성 및 정서 발달, 나아가 판단하고 추론하며 절제하는 능력인 실행 기능에까지 긍정적인 영향을 미친다. 하지만 우리 아이가 다른 아이를 밀거나 꼬집으려 할 때에는 분명히 통제가 필요한 순간이다.

이때 현명한 엄마는 행동 자체만 통제할 뿐, 아이가 그러한 행동을 한 생각이나 느낌 등의 순수한 동기 자체는 결코 통제하지 않는다. 오히려 이해하려고 노력한다. 행동은 제한하더라도 수용과 공감의 자세로 아이의 생각과 감정, 바람,

상상, 의도 등에 관심을 보이는 것이다.

아이 입장에서는 자신의 마음이 있는 그대로 엄마에게 항상 수용된다는 느낌을 갖는 것이 훨씬 중요하다. 이를 다른 말로는 공감이라고 한다. 그런데 엄마는 공감하지만 엄마가 공감하는 것을 정작 아이는 느끼지 못하는 경우도 많다. 아쉽지만 그것은 제대로 된 공감이 아니다. 엄마가 공감한 것이 아이에게 다시 경험되어야지 제대로 된 공감이다. 그저 공감해주는 것으로 그치지 않고, 아이가 나의 공감을 공감했는지도 확인해보자.

아이가 아닌 엄마가 자신에게 실망하지 않았을까?

여러 가지 이유로 아이를 실망시키는 것을 결코 두려워할 필요는 없다. 아이가 자라면서 경험해야 하는 필연적인 '실망'이라는 감정을 이겨낼 수 있도록, 애착이라는 토양을 잘 만들어주고 공감이라는 영양분만 잘 공급해준다면 엄마 역할은 다 한 것이다.

정작 두려워해야 할 것은 '엄마한테 실망했어!'라고 말하는 아이의 마음이 아니라 '나한테 실망했어!'라며 스스로에게 실망하는 것이다. 아이의 실망은 짧고, 엄마의 실망은 길다. 엄마 스스로 아이를 실망시키는 나쁜 엄마라고 단정 짓고 자신에게 실망한다면, 그리고 그 감정에 사로잡힌다면 아이를 제대로 위로하고 공감해줄 수 없다.

엄마 자신의 실망한 마음을 스스로 받아줄 수 없으면 아이의 실망한 마음도 받아줄 수 없다. 그러므로 자신이 실망했다는 생각에 사로잡혀 있지 않은지 되돌아볼 필요가 있다. 아이의 실망이 아닌 엄마 자신의 실망을 발견하려 애쓰고, 발견했다면 괜찮다고 스스로 다독여주자.

"아이는 엄마가 나의 감정을 공감해주고
나도 엄마의 공감 반응을 보고 감동받는,
서로 주고받는 즐거움과 기쁨을
누리기를 좋아할 뿐이다.
그런 의미에서 아이의 요구를
최대한 충족시켜줘야 한다는
부담감은 내려놓아도 괜찮다."

Henri Matisse, "La Blouse roumaine", 1940.

아이를 잘 키울 수 없다는
생각 때문에 괴로워요

힘들 때마다 부정적인 생각이 드는 엄마들

한 엄마가 아이를 돌보는 일이 왜 이렇게 어렵냐며 상담을 요청했다. 그녀는 몇 차례 상담을 통해 아이를 키우며 난관에 부딪히는 상황이 반복되다보면, 그때마다 자동적으로 '나는 결코 아이를 잘 키울 수 없을 것이다'라는 생각으로 넘어가는 패턴이 있었다. 이때 슬프고 우울할 뿐만 아니라, 가슴이 답답한 생리 반응이 나오고 의욕을 잃었다. 그러다 아이를 소극적으로 대하거나 아이에게 짜증을 냈다. 이러한 패턴을 인지하도록 도와줬지만, 이 모든 것이 어쩔 수 없는 흐름 아닌가 하는 생각이 든다며 빠져나오기 어렵다고 했다.

그녀는 아이 돌보는 일이 어려울 때마다, 아이를 잘 키울 수 없다는 생각으로 매번 넘어가는 이유가 있었다. 그녀의 생각 이면에는 '내가 아이를 완벽하게 돌볼 수 없다면 나는 부족한 엄마다'라는 생각이 깔려 있었다. 보다 더 깊은 곳에는 '나는 전반적으로 무능력하다'는 핵심적인 믿음이 깔려 있었다.

생각은 감정에 영향을 미친다

사실 그녀가 어렸을 때 경험한 오빠는 뭐든 자신보다 잘하고 인정받는 넘을 수 없는 벽 같은 존재였다. 어떤 것도 오빠만큼 잘할 수 없고, 자신은 무능하고 열등하다고 생각했다. 오빠랑 자주 비교하며 야단치던 엄마에 의해 그 생각은 더 강화되었다. 어려서부터 엄마의 한마디는 비중이 컸고 대부분 옳다고 믿었다.

학교에서도 친구들과 비교하며 자신이 가진 긍정적인 면들을 평가절하하곤 했다. 자신이 원하던 학교와 학과에 진학했음에도 불구하고 단순히 운이 좋았다고 생각했다. 이런 식으로 자신에 대한 부정적인 핵심 믿음이 점점 견고해졌다.

그래서 아이를 키우는 상황에서도 '나는 엄마니깐 다 잘해야 한다' '나는 항상 최선을 다해야 한다' '엄마로서 능력을 발휘하지 못하는 것은 아주 끔찍한 일이다'라는 가정을 자신도 모르게 하고 있었다. 그리고 이러한 생각은 생각에만 머물러 있지 않고 감정에 영향을 미쳐, 아이를 대하는 행동의 문제로 이어지곤 했다.

엄마들이 자주 경험하는 인지 왜곡

이처럼 어떤 상황에 대해 주관적으로 그릇된 인지를 하는 것을 '인지 왜곡'이라고 한다. 엄마들이 흔히 하는 '인지 왜곡'의 유형들은 다음과 같다.

1. 〈지나친 일반화〉

: 한두 가지 사건을 보고 전체적으로 부정적 결론을 내리는 것.

'문화센터에서 풀 죽어 있는 우리 아이는 성격이 소심하다'

2. 〈양극단적인 사고〉

: 이것 아니면 저것, 이분법적으로 생각하는 것.

'완벽하게 아이를 키우지 못하면 엄마로서 실패한 것이다'

3. 〈단정적 이름 붙이기〉

: 합리적으로 따져보지 않은 고정적인 편견.

'워킹맘은 슈퍼우먼이다'

4. 〈선택적 여과〉

: 자기가 보고 싶은 점만 보는 것.

'내 주변은 다 나보다 애를 잘 키워. 경제적 여건이 좋아. 남편이 시간도 많고 많이 도와줘.'

5. 〈재앙화〉

: 미래에 대해 현실적인 다른 고려 없이 최악의 상황으로 예상하는 것.

'우리 아이는 성격이 소심해서 남들처럼 어린이집에 적응을 못 할 거야'

6. 〈독심술〉

: 여러 가지 현실적인 가능성을 배제한 채 다른 사람의 생각을 알고 있다고 믿는 것.

'저 사람은 지금 내가 아이를 잘못 키우고 있다고 생각한다'

7. 〈지나친 자기비하〉

: 자신에 대해 객관적인 현실보다 지나치게 부정적으로 여기는 것.

'나는 이 세상에서 가장 형편없는 엄마야'

8. <매사 자신과 연관시키기>

: 자신과 무관할 수 있는 경우까지 모조리 연관시키는 것.

'아이가 키가 작은 건 내가 수면교육을 제대로 못 시켜서야'

9. <과장과 축소>

: 자신을 평가할 때에 부정적 측면을 강조하고 긍정적 측면을
  최소화하는 것.

'사람들이 나에게 평범한 엄마라고 하는 것은 엄마로서 부적합하다는 걸 증
명하는 거야'

상황을 객관적으로 보기 위한 솔루션

엄마들에게 왜곡된 인지를 교정하며 합리적인 사고를 하도
록 도와주는, 그로 인한 감정적·행동적 문제들을 변화시키는
인지 행동 치료 기법을 소개한다. 엄마들 스스로 적용해보면
도움될 만한 것들이다.

중간 생각 잡아내기

각 상황에서 순간적으로 스쳐가는 중간 생각을 잡아내는 연습을 해야 한다. 이 연습을 하다보면 평소 스쳐지나가는 생각을 구체적으로 언어화하기가 생각보다 쉽지 않음을 알게 된다.

예를 들어 '아이를 돌볼 때 내 감정을 추스를 수가 없어'라고 생각하고 있다면, 사실 '나는 아이를 돌볼 수 없어'라고 생각하는 것이다. '내가 아이를 잘 볼 수 있을까?'라는 생각은, '나는 아이를 잘 볼 수 없을 거야'라고 생각하는 것이다.'

'아이에게 내가 화를 내면 어쩌지?'라는 생각을 했다면, 실제로는 '내가 아이에게 화를 내면 아이는 상처를 입을 거야'라고 생각하는 것이다. '내가 엄마로서 성장할 수 없다면 어쩌지?'라는 생각은, 이미 '엄마로서 성장할 수 없다면 나와 아이는 영원히 불행할 거야'라고 생각하는 것이다.

이런 식으로 순간 스쳐지나가는 생각을 잡는 연습을 해보자. 평소 객관적이고 합리적이지 않은 생각을 얼마나 자주 하는지 발견할 것이다.

한 발짝 물러나기

아이에 대한 생각에 몰두하다보면 오히려 사고가 경직되고, 그럴 때엔 객관적으로 판단하지 못한다. 문제에 빠져 있어 문제를 볼 수 없는 것이다. 마음이 만들어낸 문제에서 벗어나 거리를 둬야 객관적으로 바라볼 수 있다.

부정적 생각에 대해 논박하기

아이에 대해 끝없이 부정적인 생각이 든다면 지금 내가 하는 생각과 반대되는 생각을 적극적으로 해보자. 인지 치료를 창시한 아론 벡Aron Temkin Beck은 '부정적인 믿음에 적극적으로 이의를 제기하는 것이 행복감을 느끼는 데 도움이 된다'는 사실을 발견했다.

주의 분산과 재집중하기

매 순간 객관적으로 엄마 자신과 아이를 바라볼 수 있는 것이 최선이지만 엄마로서 이것은 참 어려운 일이다. 이럴 때에는 주의를 분산시키고 다시 집중하는 것도 좋은 방법이다. 한 예로, 아이에게 화가 치밀어 오를 때는 잠시라도 엄마 혼자 방에 들어가 문을 닫고 이어폰으로 음악을 한 곡 듣고 나오면 도움이 된다.

최악일 때와 비교하기

보통 비교하는 것은 득보다 실이 많다. 남이 아닌 자기 자신과의 비교도 그다지 좋지는 않은데, 그 이유는 대부분 자신이 좋았을 때와 비교를 하기 때문이다. 반대로 가장 상태가 나빴을 때와 비교를 해보자. 그때보다는 지금이 더 낫다고 생각될 것이고 자신감도 생길 것이다.

잘한 일 적어보기

긍정적인 일이나 스스로에게 칭찬할 일을 매일 적어보자. 행하기 어려웠지만 어쨌든 행한 일도 포함시키자. 억지로라도 할 수 있다는 것은 사실 대단한 일이다. 엄마들은 자신을 비난하고 결점을 찾는 데에 매우 능숙하다. '이것을 더 잘했어야 하는 건데, 이때 최악으로 아이에게 행동했어' 이런 생각을 매번 하면 기분은 더 나빠질 수밖에 없다. 그러므로 자신이 잘한 일을 한번 적어보자. 예를 들어 어젯밤에 아이 때문에 잠을 잘 못 잤지만 오늘 아이에게 밥 세 끼니를 다 차려줬다, 화장실에서 육아 서적 5쪽을 읽었다, 아이에게 상호작용을 열심히 하려고 노력했다, 육아용품을 저렴하게 구입하기 위해 인터넷 쇼핑몰에서 비교해봤다 등등.

그런 척 행동하기

자신이 100프로 그렇다고 생각하지 않아도 그런 척 행동해보는 것이다. 좋은 엄마라는 확신이 없어도 좋은 엄마인 척 행동해보자. 이것은 일종의 행동 치료법이다. 믿음이 행동을 변화시키기도 하지만, 반대로 행동이 믿음을 변화시키기도 한다. 믿음이 약한 경우에 목표 행동을 하는 것은 생각보다 빠르게 그 믿음을 변화시킨다. 일단 행동을 하다보면 자신에 대한 부정적인 믿음도 약해진다. 그러면 행동을 더 쉽게 하고 긍정적인 시너지를 일으킨다.

양육 효능감을
높이기 위해
공부하자!

육아에 대한 자신감, 양육 효능감

사회학습 이론을 주창한 심리학자 앨버트 반두라 Albert Bandura 는
바라는 결과를 얻기 위해 요구되는 행동을 성공적으로 수행
할 수 있다고 믿는 신념을 '자기 효능감'이라고 했다. 자기 효
능감이 높으면 성취 수준을 높일 수 있고 긍정적인 자아상도
가질 수 있다. 반대로 자기 효능감이 낮으면 자신의 단점만 계
속 생각해서 주어진 과제가 실제보다 어렵다고 판단한다. 결
국 주어진 과제를 해내지 못할 가능성이 커지는 것이다. 이러
한 자기 효능감을 양육 차원에 적용시켜 양육 능력에 대한 부
모 스스로의 믿음을 '양육 효능감'이라고 한다. 부모로서 자녀
를 양육할 때 일어나는 각각의 상황에서 효율적으로 대처할

수 있는가에 대한 믿음, 한마디로 육아에 대한 자신감을 일컫는다.

양육 효능감이 육아에 미치는 영향

양육 효능감이 높은 부모는 양육 스트레스를 받을 때에도 적절하게 대처하고 이를 잘 유지한다. 즉 아이의 행동에 대해 수용적이고 비체벌적인 양육 행동을 보인다. 때문에 부모와 아이의 상호작용을 보다 긍정적인 방향으로 이끈다. 또 상대적으로 마음의 여유가 있어 긍정적인 사고를 하고 양육 중 일어난 문제를 더 유능하게 다루고 아이의 요구에 민감하게 대처한다.

반대로 양육 효능감이 낮은 부모는 마음이 불안하기 때문에 갈등 상황이 되는 아이의 행동에 대해 수용보다는 통제를 하기 쉽다. 그러다보면 강압적이며 체벌적인 양육 행동을 보인다. 간단히 말해 육아에 대한 자신감이 있으면 아이의 문제에 대해 보다 여유롭게 대처할 수 있고, 그렇지 않으면 불안감 때문에 강압적인 방법을 우선 선택하는 것이다.

양육 효능감을 높이려면 공부하자

이처럼 양육 방식에 큰 영향을 미치는 양육 효능감을 높이려
면 어떻게 해야 할까? 한마디로 공부해야 한다. 이론과 실제가
다르다며 육아 공부를 게을리하는 엄마들을 보면 책 한 장 읽
기도 어려운 것이 육아의 실상이라는 걸 충분히 알면서도 참
안타깝다. 다행히 양육 지식은 이론만 이야기하는 것이 아니
라 실제 경험도 포함한다. 직접 부딪히며 양육을 해봐야 이론
과 실제의 차이를 좁힐 수 있다. 양육 지식을 실제 양육에 적
용하는 데 투자하는 시간이 늘어남에 따라 실제 차이를 좁혀
갈 수 있다. 양육 지식은 상당 부분이 실제 아이를 기르는 과
정에서 경험적으로 습득된다는 연구 결과가 이를 뒷받침한다.

아는 만큼 육아 문제에 대처하기 쉽다

한 예로, 아이가 돌 지나면서 떼쟁이로 탈바꿈하는 현상 때문
에 당황하는 부모들이 적지 않다. 아이의 활동 폭이 넓어져 가
뜩이나 힘들어졌는데 순하기만 한 줄 알았던 우리 아이가 떼
쓰기까지 하니 그야말로 설상가상인 것이다. 그런데 떼 안 쓰
는 아이도 있을까? 혹시 '우리 아이는 떼를 한 번도 쓴 적이 없

다'라고 자신 있게 말하는 분이 있다면 진지하게 아이의 상담을 권하고 싶다. 떼를 쓴다는 것은 자아 형성 중에 나오는 자연스러운 현상, 즉 정상 발달 과정이기 때문이다.

이와 같이 정상적인 발달 과정을 제대로 이해하고 있으면 양육 효능감이 높을 수밖에 없다. 아이가 아무리 떼를 써도 발달 과정상 예측된 일이기에 마음의 여유를 가지고 갈등 상황에서 당황하지 않고 유연하게 대처할 수 있다. 나아가 아이의 무료함과 독립선언의 욕구를 이해하고 있으면 아이의 좌절감과 분노를 공감해줄 수도 있다. 아이가 떼쓰는 것은 지극히 정상이고 이 시기가 지나면 줄어들 것이라는 견고한 믿음으로 아이의 마음을 먼저 헤아려주다보면, 아이는 충분히 공감받으며 자라게 된다. 더구나 세 돌 정도가 지나면 뇌가 점점 발달해 자기 감정을 조금씩 조절할 수 있고, 세상을 조금씩 알아가면서 대부분 떼쓰기가 줄어든다.

엄마가 내 아이의 전문가다!

양육 지식을 얻기 위한 공부는 어떻게 해야 할까? 누구나 손쉽게 육아 정보를 얻을 수 있는 시대이지만 오히려 잘못된 정보를 얻을 위험도 많은 시대이다. 이에 대해 유일한 해답은 엄마 자신의 전공이나 직업과 상관없이 아이를 키우는 일에 대해서만큼은 전문가가 되는 것이다. 같은 책이나 기사를 읽어도 정보를 얻는 과정에 있어 그 영역의 전문가와 비전문가는 받아들이는 정도가 다르다. 행간의 의미를 읽고 다른 책에서 반대되는 이야기를 하는 것처럼 보여도 사실은 같은 맥락의 이야기를 하는 것도 전문가는 알아차릴 수 있다. 단순히 아이를 여럿 키웠다고 해서 전문가가 될 수 있는 건 아니다. 제대로 된 정보를 얻어야 한다.

요즘은 SNS를 통해 막대한 육아 정보가 범람하고 있다. 제대로 된 정보인지 알려면 일단 출처의 유무를 확인해야 한다. 출처는 없고 보기 좋게 요약 정리만 잘 되어 있는 정보는 그리 신뢰하지 않아도 된다. 그리고 육아서적은 꼭 구비를 해 놓되, 전문가가 쓴 상황별 대처법에 대한 책 한 종류 이상은 가지고 있는 게 좋다. 에세이나 육아 경험을 토대로 쓴 서적은 육아에 대한 위로와 공감을 얻는 정도에서 그쳐야 한다.

육아잡지를 정기구독 하는 것도 추천한다. 육아의 최신 트렌드를 섭렵하는 육아 전문가들을 섭외해서 꼭 알아야 하는 제대로 된 정보를 전해주기 때문이다.

이러한 노력을 다해 어느 정도 전문가가 되어야 바람직한 육아관을 정립할 수 있다. 육아 지식을 얻으려는 노력을 하지 않은 채 자신의 육아관을 고수하는 것은 아집에 불과하다.

여기에 한 가지 더 추가하자면 엄마 자신을 잘 알아야 한다. 사실 아이를 키우는 일은 부모와 아이의 상호작용이기 때문에 아이에 대해 아는 것만으로는 부족하다. 엄마 스스로를 알기 위한 노력도 충분히 해야 한다. 성격 유형, 성향 등을 알 수 있는 객관적인 검사를 하는 것도 좋고, 책을 통해 자신을 알아가는 노력, 기회가 되면 전문가와의 상담을 통해 엄마 된 자신을 알아가기 위한 노력을 해야 한다. 그래야만 아이를 더 바람직하게 양육할 수 있을 뿐 아니라 엄마 스스로의 인격 성장에도 도움이 된다.

CHAPTER 03.

GOOD

ENOUGH

MOTHER

오늘도 ____
우울하고 외로웠다면

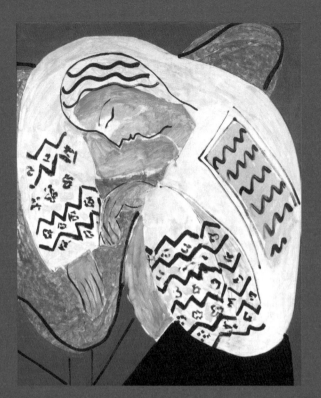

Henri Matisse, «The Dream», 1940

아이가 예쁜데도
우울한 날이 지속돼요

아무것도 하고 싶지 않은 우울한 엄마

소은 씨는 반복되는 하루하루를 보내며 어떤 날은 기분이 좋다가도 다음 날이면 언제 그랬냐는 듯이 스스로를 통제할 수 없을 정도로 우울해진다며 이야기를 꺼냈다. 아이 키우는 일상을 돌이켜보면 많은 날들을 눈물로 보냈다고 회상했다.

특히 마음이 힘든 날엔 엄마로서의 삶뿐 아니라 어떤 것에도 행복을 느낄 수 없었고, 엄마로서 아내로서 모두 부족하다는 생각에 사로잡혔다. 하지만 엄마가 되기 전까진 크게 힘든 일 없이 지내왔기 때문에 지금 경험하는 이 생각과 느낌을 누구에게도 말할 수가 없었다. 친정 엄마에게도 심지어 남편에게도.

주변 엄마들은 더 힘든 상황에서도 잘 견디고 아이도 잘 돌보는 것 같은데 자신만 힘든 것 같아 더 우울했다. 소은 씨는 매일매일이 그저 피곤했고, 아이 관련된 일이나 집안일이 늘 쌓여 있어서 무엇부터 해야 할지 모를 정도였다. 힘을 내서 겨우 시작을 해도 곧 그만두기 일쑤였다. 마치 결정 장애처럼 사소한 일까지 자신이 없어져, 심지어는 아이에게 반팔을 입혀야 하나 긴팔을 입혀야 하나 결정하지 못할 지경이었다.

습관처럼 하던 블로그에 글을 올리는 일 정도는 아무 생각 없이 편하게 할 수 있을 줄 알았는데, 간단한 글 몇 줄도 써지지 않았다. 이렇게 마음이 혼란스러운 적은 처음이었다. 괜찮아지겠지 하고 하루하루 견디다가 누군가에게는 이런 얘기를 하고 싶어서 진료실을 찾아왔다.

불규칙한 수면 패턴과 식사 패턴이 우울을 부른다

사람들은 보통 임신과 출산 과정을 통해 자동적으로 모성애가 생겨 자연스럽게 엄마 역할을 잘할 것이라고 오해한다. 하지만 오히려 임신과 출산 과정을 통한 호르몬의 변화로 기본적으로 엄마는 우울증에 취약해진다. 더구나 엄마의 일상은 우울증에 걸리지 않으면 오히려 용할 정도다. 우울증이 의심

된다며 병원에 오는 내담자에게 이런저런 것들을 확인할 때 반드시 체크하는 것은 수면 패턴과 식사 패턴의 변화 여부이다. 우울증이 심하면 일단 하루 종일 잠을 자고 싶거나, 반대로 밤에 잠이 오지 않아 잠을 제대로 잘 수 없는 수면 패턴의 변화가 동반되는 경우가 많다. 그리고 입맛이 없어져 체중 감소가 동반되거나 반대로 폭식을 해서 체중이 늘어난 경우가 많다.

엄마가 되면 먹고 자는 패턴이 아이에 의해 불규칙하게 변화한다. 아이를 돌보느라 기본적인 생리적 욕구조차 무시하는 것이 다반사이다. 처음에는 모성애로 극복하다가 일정 수준 이상으로 과부하가 걸리면 뇌 호르몬에 이상이 오고 우울증으로 이어지곤 한다.

충분히 쉴 수 있다면 그나마 나을 텐데, 아이를 돌보거나 집안일을 하다보면 늘 시간이 부족하고 쫓기는 느낌에 쉬어도 쉬지 못한 느낌을 갖는다. 더구나 남편도 양가 부모님도 도움 주는 사람이 없다면 양육 스트레스로 이어지고, 그때 우울증을 경험하는 것이다.

육아 우울증에 예외는 없다

엄마 10명 중에 1~2명이 육아 우울증을 앓고 있다. 그 누구도 육아 우울증에는 절대적인 예외가 없다. 정식 진단명이 산후우울증인 육아 우울증은 우울증의 하위 범주에 속한다. 기분이 가라앉아 매사에 의욕이 없고, 이유 없이 눈물이 흐르며 죄책감을 느끼고, 불안하고 초조해서 안절부절못하는 증상은 일반 우울증과 같은 증상이다.

거기에다가 극심한 외로움, 엄마로서 적절하지 않다는 왜곡된 생각, 아이의 건강에 대한 과도한 걱정, 자신이 아이를 해칠지도 모른다는 강박적인 생각까지 추가되면 육아 우울증으로 진단한다. 그런데 이러한 마음조차 잘 표현하지 못해 가족들조차 잘 모를 수 있다는 점이 육아 우울증의 특징이다.

대다수의 엄마들은 육아와 관련된 우울감을 일시적으로나마 느낀다. 우울증은 우선적으로 엄마 본인을 고통스럽게 하지만 아이에게 미치는 영향도 매우 크다.

아이를 직접 돌보는 엄마가 우울증을 앓게 되면 육아에 가장 중요한 민감성과 상호작용 반응이 부족해진다. 매사에 의욕이 없기 때문에 아이의 요구를 들어주지도 못하고, 오히려 회피적 반응을 보이기도 한다. 예민해지기 때문에 아이에게 쉽게 짜증을 내기도 한다.

또한 감정은 생각에 영향을 미쳐 생각의 흐름이 부정적인 방향으로 흐르게 하고, 아이의 기질까지도 부정적으로 여기게 한다. 부정적으로 아이를 인식하면 엄마 입장에서는 불안감에 휩싸일 수밖에 없다. 불안감을 지닌 채 하는 양육 행동은 아이에게 부정적 감정을 표출하게 하고, 아이의 공격적 반응을 불러일으키는 등 악순환을 거친다. 결국 육아 우울증은 양육자라는 역할 자체를 위협해 아이 문제로까지 이어지게 하는 것이다.

그래서 육아 우울증을 앓는 엄마가 키운 아이는 불안정한 애착반응을 보임은 물론이고, 정서적 문제, 대인관계 문제, 언어, 지능, 학습 등의 문제를 보인다. 우울증을 경험한 엄마에게 키워진 아이는 11세가 되었을 때 정신건강 문제가 4배 정도 높다는 연구도 있다. 뿐만 아니라 저성장, 잦은 설사, 산통 및 천식 등의 신체적 문제까지 보인다는 연구도 있다.

엄마, 조금 우울해도 괜찮다

육아 우울증이 다른 우울증보다 위험한 이유는 엄마라는 특별한 상황 때문에 스스로 우울증을 인정하지 않기 때문이다. 엄마가 되고 나면 누구나 스스로가 늘 좋은 엄마여야 한다는 압박감이 든다. 아이를 키우면서 기쁘고 행복한 순간이 많이 있지만 우울하고 힘든 순간도 많다. 어떤 엄마는 적게 경험하고 어떤 엄마는 많이 경험할 뿐이다.

엄마이기 때문에 오히려 우울증에 취약하다는 점을 인정하자. 그것이 우울증을 조기에 발견하고 극복하는 첫 단추이다. 엄마가 어느 정도 우울해도 괜찮다. 늘 즐겁기만 하다면 그게 더 문제 있어 보인다. 엄마가 심리적으로 힘든 것은 엄마의 선택도 아니고 잘못도 아니다. 심리적 어려움을 인정하고 어려움을 나누며 도움을 적극적으로 요청하는 것이 좋다.

나는 정신과의사이지만 전업 육아를 하던 시절에 육아 우울증을 경험했다고 방송 및 잡지 인터뷰에서 많이 이야기한다. 그 이유 역시 비슷한 경험을 하고 있는 엄마들에게 조금이나마 도움이 되고자 함이다. 우울증은 창피하거나 부끄러운 일이 아니다. 혹시 우울증이 아닌데 내가 오버하는 건 아닐까 하는 생각이 든다면 아이를 생각하자. 정신과에 수많은 질환이 있지만 육아 우울증만큼은 과도하게 진단되어도 무방할 정도로 중요하다.

주변의 도움을 받고 적극적으로 치료받자

모든 질병이 마찬가지지만 위험 요인을 줄이는 방법이 가장 확실한 예방법이다. 육아 우울증은 가족이 우울증을 앓았던 경우, 산모가 예전에 우울증을 앓았던 경우, 산모 나이가 어린 경우, 아이의 기질이 까다로운 경우, 원하지 않는 임신이 었을 경우, 양육 스트레스가 클 경우, 결혼 만족도나 배우자의 지지가 낮을 경우 발생할 가능성이 높다. 노력해도 바뀔 수 없는 것을 제외한다면, 양육 스트레스를 줄이고 결혼 만족도 및 배우자의 지지 경험을 높이는 것이 예방법이 된다.

특히 양육 스트레스는 일상에서 일어나는 육아와 관련된 스트레스이기 때문에 남편뿐 아니라 친정, 시댁 등 도움을 최대한 받아야 줄일 수 있다. 가벼운 우울증이라면 적극적으로 자신의 심리적 상황을 가족들에게 알리고 이러한 예방법을 이용하면 된다.

하지만 2주 이상 우울증을 경험한다면 전문가를 만나 적극적으로 치료를 받아야 한다. 우울증은 다른 질환에 비해 치료받지 않으면 재발이 잦은 편이다. 일반적으로 한 번 우울증을 겪으면 50~80퍼센트가 재발을 경험하고, 치료받지 않으면 평생 5~6번 재발한다. 또한 육아 우울증을 치료받지 않으면 30

퍼센트 정도는 1년 후에도 여전히 심한 우울감과 불안을 경험한다는 연구 결과도 있다.

약물 치료의 경우 수유에 대한 위험성이 미약한 것으로 보고된 약물을 적정 기간 사용하는데, 우울증으로 인해 엄마와 아이의 심신에 문제를 일으키는 것보다는 훨씬 바람직한 선택이다.

약물 치료에 거부감이 큰 경우 인지행동 치료만 꾸준히 받아도 도움이 많이 된다. 인지행동 치료란 개인의 부정적인 사고방식을 확인하고 수정함으로써 계속되는 악순환의 연결고리를 끊는 과정을 치료자가 도와주는 방법이다. 이러한 인지행동 치료 등의 상담 치료라도 제대로 받으면 치료 효과가 1~2년 이상 지속되어 재발률을 꽤 낮출 수 있다.

그 이외에 자기장 치료, 이완 치료, 광 치료 등 다양한 비약물적 치료법이 존재한다. 우려되는 모든 것은 혼자 고민하지 말고 일단 전문가를 만나 상의해보길 권한다. 우울증에 걸린 엄마는 아무 문제가 없지만, 우울증에 방치된 엄마는 아이뿐 아니라 가족 전체에게 문제가 된다.

나만
초라해 보여요

아이 친구 엄마와 자신을 비교하는 엄마

4살짜리 아이를 키우는 지온 엄마는 요새 아이를 어린이집에
등원시킬 때마다 스트레스다. 아침에 밥해 먹이고 옷 입히고
어린이집 보내는 시간 자체가 모자라, 세수는커녕 운동복에
슬리퍼 끌고 어린이집에 지온이를 데려다준다. 그런데 같은
반 현우 엄마는 아침마다 풀메이크업에 하이힐까지 신고 아
이를 데려다주는 것이다.

게다가 현우 엄마는 동안이다. 아, 저 엄마는 대체 어떻게
아침마다 부지런을 떨 수 있는지 궁금하면서도 질투가 난다.
게다가 현우 엄마는 애도 셋이다. 그것도 모두 아들!

스트레스를 받으면 좀 변해야 하는데 자신은 도저히 현
우 엄마처럼 할 수가 없었다. 자신은 예쁘지도 않고 게으르기

까지 하다는 자책감에 빠져 어느 날은 애먼 지온이까지 잡은 적이 있다.

엄마가 되고 나면 끊임없이 시기하게 된다

엄마가 되고 나면 자신과 아이에 대한 자랑을 이야기하기보다는, 애써 겸손한 척하고 걱정을 곁들인 부정적인 이야기를 하기가 쉽다. 엄마라서 가뜩이나 외로운데 상대방의 관심 어린 반응은 바로 그런 이야기에서 나오기 때문이다. 입장 바꿔 생각해봐도 아이가 아프거나 가정에 어려움이 있거나 일이 잘 안 되는 등의 힘든 이야기는 비교적 갈등 없이 쿨하게 공감해줄 수 있다.

하지만 아이가 건강하고 똑똑하기까지 하고, 가정도 참 화목하며, 엄마의 일도 잘 풀리는 이야기는 진심으로 기뻐해주기 어렵다. 사촌이 땅을 사면 배가 아프다가 아니라 옆집 엄마가 백을 사면 배가 아픈 요즘이다. 옆집 아이가 유명 브랜드 옷을 입으면 왠지 우리 아이가 배가 아플 것 같다. 원하지 않아도 나도 모르게 생기는 이런 마음을 어떻게 바라봐야 할까?

자신의 처지와 비교하는 엄마들

다른 사람의 좋은 일을 전적으로 축하해주기 어려운 것은 무의식중에 자기 자신의 처지와 비교하기 때문이다. 자신의 처지와 전혀 상관없는 엄마에 대해서는 오히려 쿨하게 칭찬에 관대하다. 엄마가 되기 전에는 다른 사람을 별로 신경 쓰지 않고 비교도 잘 하지 않던 사람도, 엄마가 되면 다른 엄마와의 비교에서 자유롭기 어렵다. 나와 가까운 관계일수록, 자주 접하는 사이일수록 상대방으로 인해 내가 받는 감정적인 영향력은 크게 마련이다.

보통 산후조리원 동기 모임, 어린이집이나 유치원 친구들 모임, 초등학교 모임 등은 잠시 동안만 지속되는 관계가 아니다. 아이의 성장과 발달이 비슷한 관계인 경우 정보 공유 측면에서라도 그 관계를 지속하기를 다들 내심 바란다.

하지만 엄마들 관계는 가까이 하기도 멀리 하기도 어려운 '불가근 불가원'이 최선이라는 점이 참 아쉽다. 너무 가까워지다가 비교, 시기, 관여에 대한 수위 조절에 실패하면, 오히려 서로 상처를 받아 관계가 깨지기 때문이다. 초등학생이 되면 본격적인 경쟁이 시작되기도 하지만, 이러한 관계를 몇 번 반복해온 노하우 때문인지 요새는 엄마들이 서로 조심하는 분위기이다.

외모에서 자유롭지 못한 엄마들

자신의 처지와 비교하는 것과 비슷하게 엄마가 되고 나면 대부분 외모에 대한 자신감과 만족도가 떨어진다. 사실 임신과 출산을 통해 급격한 변화를 경험한 몸매는 육아를 하면서 금방 회복될 것이란 기대와는 달리 생각보다 잘 돌아오지 않는다. 어쩌다 몸매 좋은 엄마들을 보면 부러운 마음이 들면서도 그 이상의 심리적 갈등이 일어나고, '나와는 다르게 육아에 여유가 있거나 경제적 여유가 있으니 저렇게 자기 관리를 하겠지'라며 합리화하며 갈등을 해결한다.

그래서인지 엄마들은 SNS에 자신의 현재 모습보다는 신혼여행 시절, 연애 시절 등 옛 사진들을 특히 많이 올린다. 아이는 점점 예뻐지기에 현재의 모습을 주로 올리지만 자신은 그와 반대이기에 과거의 모습을 올리곤 하는 것이다.

물론 엄마가 되고 나서도 지금 모습을 끊임없이 드러내고 싶어 하는 엄마들도 많다. 오히려 아이를 낳고 나서 SNS에 셀카 올리는 빈도가 더 많아지는 경우도 있다. 그들은 자신의 현재 모습을 올리면서 듣고 싶어 하는 댓글이 있다.

"어머! 엄마 같아 보이지 않아요!" 또는 "엄마가 아니라 이모 같아요!"이다. 댓글을 다는 엄마들도 사실은 자신이 듣고 싶은 말이기에 그런 댓글을 열심히 달아준다.

몸매가 좋은 엄마든 그렇지 않은 엄마든, 자신의 외모를 드러내는 엄마든 그렇지 않은 엄마든 공통점은 자신의 외모에 대한 생각에서 자유롭지 못하다는 점이다.

외모에 대한 부정적인 태도는 아이에게도 적용된다

많은 엄마들에겐 아쉬운 부분일 테지만 유전적 영향으로 아이들이 부모의 외모를 물려받는 경향이 높다. 예를 들어 엄마가 비만인 경우 아이도 비만이 될 확률이 높다는 연구가 있다. 또 부모가 다이어트를 자주 하는 경우, 딸도 다이어트를 자주 한다는 연구도 있다.

더구나 엄마가 아이의 신체를 바라보는 태도가 엄마 자신의 신체에 대한 태도와 상관이 있다는 연구도 있다. 엄마 스스로 외모를 부정적으로 여긴다면, 아이의 외모도 부정적으로 여긴다는 것이다. 아이의 외모에 대한 엄마의 부정적인

태도는 아무리 숨기려 한들 은연중에 아이에게도 전해지기
마련이다.

아이들이 말하는 엄마의 외모

엄마들은 외모에 대한 자신감이 떨어지는 시기이기에 오히
려 다른 엄마들의 외모를 더 관찰한다. 그러면서 동시에 내
외모는 다른 엄마들에게 어떻게 비추어질까 노심초사하기도
한다. 하지만 엄마들이 가장 두려워하는 것은 자신에 대한 남
들의 외모 평가가 아니다. 바로 사회적 능력이 아직 형성되지
않은 자신의 아이가 엄마 외모에 대해 진솔한 이야기를 할 때
이다. 아이들이 하는 말은 엄마를 종종 놀라게 할 때가 있는
데, 아이들 특유의 농담인 듯한 진담 때문이다.

　　아직 어리니까 하는 소리겠지라고 생각하고 넘어가지만,
아이가 조금 더 크면 어려서 하는 이야기만은 아니라는 걸 알
게 된다. 한술 더 떠서 다른 엄마와 외모 비교를 하거나 외모
에 대한 잔소리를 하기 시작한다. '살 좀 빼라, 화장해라, 귀걸
이 해라, 안경 쓰지 말아라.' 등등. 유치원, 초등학교 저학년때
부터 시작되기도 하지만, 빠르면 5세 정도에 이런 이야기를

하는 아이들도 있다.

　우리 아이의 외모 평가에 태연할 수 있는 엄마가 과연 있을까? 아이가 보든 다른 엄마가 보든 누가 봐도 예쁜 엄마들은 관련된 자존감도 높을까? 자존감까지는 아니어도 최소한 자신의 외모에 대해서는 만족할까?

자아 존중감이 높으면 외모 만족도가 높다

외모 만족도와 자아 존중감 간의 관계를 밝힌 대부분의 연구들은 자신의 외모에 대한 이미지가 자아 존중감에 미치는 영향이 크다는 것을 인정하고 있다. 자아 존중감이란 자신을 존경하고 가치 있다고 여기는 마음인데, 다른 사람이 보기에 내가 어떻게 보이느냐가 아닌 내가 어떤 사람인지에 대한 개념이므로 어찌 보면 당연한 결과이다.

　사실 남이 보는 나의 외모가 중요한 것이 아니라, 외모에 대한 나 스스로의 만족스러운 감정이 자아 존중감에 중요하다. 탄탄한 자아 존중감을 통해 내면으로부터 자신감이 커지면 그것이 고스란히 외모에도 반영된다. 객관적으로 좋은 외모를 가지고 있음에도 불구하고 왠지 모르게 좋게 보이지 않기도 하고, 객관적으로 뛰어난 외모가 아님에도 왠지 호감이 가는 신기한 경험을 하는 것은 바로 이러한 점 때문이다.

엄마가 되면 자아 존중감이 낮아지는 게 당연하다

이처럼 자아 존중감이 높아져야 외모에 만족하고 그래야 자아 존중감이 유지되는 식으로 선순환이 펼쳐지는 것이 바람직한 현상인데, 아이 키우는 엄마들은 기본적으로 높은 자아 존중감을 가지기가 어렵다. 아이를 키우는 엄마가 스스로 자존감이 높다고 판단하는 경우는 거의 없다. 육아 상담을 통해서도, 주변 엄마들 중에서도 스스로 자존감이 높다고 판단하는 경우는 한 명도 보지 못했다. 그래서 대부분의 육아 상담은 아이를 키우는 노하우에 대한 상담이 아니라 결국 엄마의 자존감 회복이 중심이 된다.

사실 자기보다 나은 처지의 엄마와 비교해서 상대적으로 부족한 자신을 발견해 자존감이 낮아지는 것은 아니다. 엄마가 되면 일일이 표현하기도 힘든 복잡한 심리 상태를 경험하기 때문에 자기 스스로를 객관적으로 바라보지 못한다. 또 부정적인 방향으로 바라보기 때문에 자존감이 낮아진다. 자기도 모르게 스스로를 평가절하고 아이와 엄마의 역할과 상관없는 근본적인 자기 자신도 존중하지 못하기 때문이다. 이럴 땐 내가 원래부터 자존감이 낮아서 엄마로 살기 어렵다고 생각하는 것보다는, 엄마라서 자존감이 일시적으로 낮아진 것이라고 생각하는 것이 훨씬 합리적이고 건설적이다.

비교하는 마음은 아이의 자존감에 영향을 미친다

남과 비교하는 마음으로부터 오는 자격지심은 뿌리 깊은 낮은 자존감 때문인 경우가 많아, 단순히 비교하지 않아야겠다는 마음가짐만으로 해결되기 쉽지 않다. 낮은 자존감은 '남과 비교해서' 내가 어떻다는 것이고, 높은 자존감은 '남과 상관없이' 내가 어떻다는 것이기 때문이다. 비교하는 마음은 낮은 자존감의 원인이 아니라 그 결과다.

근본적인 자존감 문제가 해결되지 않고 단순히 비교하지 않으려는 노력은 어떻게 보면 임시방편에 불과하다. 아이는 부모의 말과 행동을 스펀지처럼 흡수하므로 의식적으로라도 엄마 스스로 남과 비교하지 않는 게 좋다. 전혀 남을 신경 쓰지 않고 살기는 어렵지만 비교를 조금만 덜 해보려는 노력이 그 시작이 된다. 엄마가 아무리 다른 사람 신경을 안 쓴다한들 아이는 남을 의식할 것이라는 우려도 굳이 할 필요가 없다. 엄마가 비교하면 아이도 비교하고, 엄마가 크게 개의치 않으면 아이도 마찬가지다.

엄마의 삶에서 비교는 득보다 실이 많다

아무리 비교하지 말라고 한들 엄마는 끊임없이 남들과 비교한다. 비교하지 않으면 엄마로서 왠지 정체되는 것 같고, 우리 아이도 정체시켜 혹시 잘못 키우는 건 아닌가 하는 불안감에 사로잡히기 때문이다.

하지만 비교라는 것은 통상적으로 득보다 실이 많다. 특히 엄마의 삶에서는 그 점이 더욱 확실하다. 치열한 엄마의 삶에는 내가 어떤 사람인지 생각해볼 여유가 없다.

그러므로 엄마로서 치열하게 사는 것만큼, 자신이 어떤 사람인지 생각할 시간을 치열하게 사수해야 한다. 자아 존중감은 그 자체로 정신적 건강의 요건이기도 하지만, 남을 의식하지 않고 소신껏 행동할 수 있어 육아를 포함한 전반적인 삶의 만족도 또한 높게 만든다.

그래도 외모 때문에 마음이 불편하다면

엄마라서 남을 신경 쓸 수밖에 없는데 엄마니까 남을 신경 쓰지 않아야 하는 아이러니한 상황에서, 외모를 가꾸는 문제는 어떻게 바라봐야 할까?

자신이 확실히 외모에 신경을 안 쓸 수 있고, 그래도 마음이 불편하지 않다면 앞으로도 크게 신경 쓰지 않아도 된다. 보통 그런 엄마들은 아이의 외모에도 크게 신경 쓰지 않는다. 자신의 외모를 객관적으로 받아들이고 그것과 상관없이 스스로를 존중하는 마음을 가지고 있기 때문이다. 또 아이의 외모와 상관없이 아이를 존중하기 때문이다.

하지만 자신의 외모에 대해 계속 신경이 쓰이고 엄마로 사는 데에 지장이 크다면, 애써 그 마음을 억누를 필요는 없다. 억누르느라 불편한 마음은 감정의 악순환으로 이어지고 고스란히 아이에게도 전해지기 때문이다.

그럴 때엔 그것을 엄마로서 스스로에게 어느 정도 상을 줘야 한다는 신호로 여겨도 된다. 아이의 머리를 미용실에서 한 번 잘랐으면 아무 거리낌 없이 엄마의 머리를 한 번 잘라도 된다. 아이의 옷을 하나 샀으면 아무런 죄책감 없이 엄마의 옷을 하나 사도 된다.

그런 과정을 통해 엄마의 삶과 아이의 삶은 함께하지만 개별적인 것임을 아이도 배우게 되고, 무엇보다도 엄마 스스로 몸에 익히게 된다.

"그러므로 엄마로서 치열하게 사는 것만큼,

자신이 어떤 사람인지 생각할 시간을

치열하게 사수해야 한다.

자아 존중감은 그 자체로 정신적 건강의

요건이기도 하지만,

남을 의식하지 않고 소신껏 행동할 수 있어

육아를 포함한 전반적인 삶의 만족도

또한 높게 만든다."

Henri Matisse, "Woman Reading on a Black Background," 1939

힘들어서 울고 싶은데
눈물이 나지 않아요

울고 싶어도 울지 못하는 엄마

진료실에 어두운 표정의 수정 씨가 들어왔다. 분노 조절이 되지 않아 병원을 찾은 수정 씨는 대기업에 다니는 커리어우먼으로 살다가, 출산 후 휴직하며 오히려 직장을 다닐 때보다 안정된 마음으로 아이를 잘 키웠다.

그런데 아이가 돌 무렵이 되자 분노의 감정을 많이 느끼게 되었다. 한 1년 키웠으니 슬슬 복직을 준비해야겠다 생각했는데, 순했던 아이가 떼를 부릴 때가 많아지고 그런 아이를 컨트롤하다보면 몸도 마음도 만신창이가 되었다. 잘 타일러도 말을 듣지 않으면 급기야 소리를 지르고, 놀란 아이의 모습을 보면서 겨우 진정하고, 그것을 만회하기 위해 더 열심히 아이와 놀아주었다. 하지만 반복되는 아이의 행동에 실망하고 마음이 새까맣게 타들어가는 느낌을 수없이 받았다.

　　너무 힘들어 울컥할 때조차 아이 앞에서 우는 것은 엄마의 도리가 아니라는 생각에 운다는 것은 상상도 못했다. 아이와 잠시 떨어져 휴식을 취하면 나아지겠지 싶어, 아이를 친정엄마에게 맡기고 혼자 집에서 가족 영화를 보았다. 그런데 예전에 영화를 보던 때와는 달리 눈물 한 방울 나오지 않았다. 인터넷 후기를 읽어보면 많은 이들이 이 영화는 눈물 없이 볼 순 없었다고 하는데 눈물이 나지 않았다. 평소 눈물이 없는 성격도 아닌데 울고 싶은데 울지 못하는 자신을 발견했다. 수정 씨는 육아하면서 감정이 메마른 것일까 하는 생각까지 들었다.

눈물을 참느라 감정까지 억압하는 엄마들

이야기를 듣다가 이 부분에서 개입하지 않을 수 없었다. 수정 씨는 감정이 메말라버린 게 아니라 감정을 억누른 상태였기 때문이다. 엄마니까 울면 안 되는 게 아니라 엄마니까 울어도 된다고 했다. 아이 앞에서 우는 것보다는 아이가 없을 때 우는 게 엄마 마음이 편하겠지만, 혼자만의 시간에도 눈물이 나지 않을 정도로 그동안 울지 못했다면 차라리 아이 앞에서라도 우는 게 낫다고 했다. 엄마가 우는 건 당연하다고, 나도 매일 울었던 시기가 있었다고 말해주었다.

그제야 눈물을 흘리기 시작한 수정 씨는 한동안 말없이 눈물을 흘렸다. 엄마는 울면 안 된다는 자신을 옭아매던 생각을 내려놓아서인지 표정이 많이 편안해졌다. 물론 모든 문제가 한번에 해결된 건 아니었지만 눈물을 억제하느라 감정까지 억제했던 자신을 돌아보는 계기만으로 문제 해결은 반이나 된 것이나 다름없었다.

문제는 눈물을 흘리고 싶을 때 흘리지 못하는 것

난 어릴 적부터 울보였다. 감정적으로 조금만 격해질 일만 생기면 바로바로 울었던 기억이 꽤 많다. 자라면서 슬프거나 화나는 일을 겪거나 감동적인 영화를 볼 때에 쉽게 눈물을 흘려 수치심을 느끼면서도 울음을 참을 수 없었다.

하지만 정신과의사가 되고 나서 오랫동안 가지고 있던 생각이 바뀌었다. 우울증을 온몸으로 겪으면서도 우울하다는 감정조차 파악하지 못하는 내담자들이 많았다. 정작 문제는 잘 우는 것이 아니라 눈물을 흘리지 못하는 것이다. 자신의 감정을 억누르는 것보다 더 어려운 것은 자신의 감정을 솔직하게 인정하는 것이다. 눈물을 잘 흘리지 않는 사람은 감정을 잘 조절한다기보다는 감정을 제대로 인식하지 못하는 사람에 가깝다. 원인은 여러 가지가 있겠지만 그중 흔한 것은 어려서부터 자신의 감정을 부모로부터 공감받지 못하거나, 강압적인 분위기 가운데 눈물을 흘리면 안 되는 상황을 여러 번 겪은 경우이다. 나도 만약 내가 울 때마다 전적으로 공감해주는 어머니가 없었다면 눈물을 흘리지 않는 사람이 되었을지도 모르겠다.

감정적인 눈물

미국의 생화학자 윌리엄 프레이William H. Frey II는 눈물을 3종류로 나누었다. 지속적인 눈물, 자극에 의한 눈물, 감정적인 눈물이 그것이다. 지속적인 눈물은 눈동자 표면을 촉촉하게 해주는 윤활유이고 여러 가지 외부의 병균을 막아주는 역할을 한다. 자극에 의한 눈물은 눈에 자극을 주는 물질을 희석시켜 눈의 손상을 예방한다. 그런데 세 번째 종류인 감정적인 눈물

은 지속적인 눈물이나 자극에 의한 눈물과는 다른 뇌 구조의
통제를 받는다. 한 예로, 뇌신경이나 눈이 마비되어 지속적인
눈물과 자극적인 눈물을 흘릴 수 없어도 감정적인 눈물은 흘
릴 수 있다. 반대로 눈을 자극하면 눈물이 흘러도 감정 상태
에 따른 눈물은 말라버린 듯 느껴질 수 있다.

눈물은 셀프 힐링 도구

결혼을 하고 아이가 태어난 뒤, 육아빠로서 보통 남자와는 다
른 삶을 살아가면서 나는 눈물과 더 친해졌다. 하루 종일 집
에서 아이와만 있다보니 친구들도 만나지 못하고 육아하며
받는 스트레스를 말로 다 풀어내지도 못해 외롭기까지 해서
눈물을 흘렸던 적이 있다. 더 정확하게 말하면 밤새 아이가
잘 자지 않았던 날인데, 다음 날이 되어도 아무렇지 않게 육
아 일상을 똑같이 해야 하는 원망의 눈물이었던 것 같다.

아이가 돌이 지나고 자연스럽게 떼가 늘어나면서 머리
로는 아이의 행동을 이해하면서도 감정적으로는 그 상황에
대한 분노 때문에 혼자 눈물을 흘렸던 적도 있다. 하지만 짧
은 순간이나마 눈물을 마음껏 흘리고 나면 감정적인 카타르

시스를 경험하게 되고, 그것이 하나의 기분 전환 방법이 되어 이전과 다른 감정 상태에 다다를 수 있었다. 언제부턴가 나는 이런 식으로 감정을 다스리며 반복되는 육아 일상으로부터 오는 스트레스를 이겨내고 있기도 하다.

한 실험에 따르면 감정이 고조되어 눈물이 터져 나오는 순간까지 뇌파는 요동치고 심장 박동이 빨라지다가, 눈물을 흘리는 동안엔 안정 상태를 보인다고 한다. 또한 일본 도호대 아리타 히데오 교수는 목 놓아 우는 것은 뇌를 다시 한 번 리셋하는 것과 같은 효과가 있다고 말했다. 실컷 울고 나면 오히려 그 감정 상태에서 빨리 벗어날 수 있었던 경험을 대부분 한 번쯤은 해봤을 것이다. 눈물은 훌륭한 셀프 힐링 도구인 것이다.

엄마니까 마음껏 울자

암 전문의인 이병욱 박사는 소위 '눈물 예찬론자'인데, 암 환자 분들이 고통스러운 감정을 쏟아놓으며 마음껏 울게 한다. 많이 울고 크게 우는 환자가 회복과 치유가 빠른 것을 수없이 보아왔기 때문이다. 웃음치료도 좋지만 그보다는 눈물치료가 더 효과적이라고 말한다. 암 전문의로서 고치기 어려운 환자는 말기 암 환자가 아니라 감정이 말라버린 환자라고 한다.

정신과에 내원하는 분들도 마찬가지이다. 첫 내원 시 자신의 이야기를 죽 늘어놓으며 눈물을 한껏 흘리고 돌아가는 내담자가 있다면, 앞으로 치료 효과가 좋다는 것을 대부분의 정신과의사들은 소위 감으로 안다. 의사 앞에서 크게 울고 나면 앞으로도 의사와 좋은 관계를 유지해 우울증에서 빨리 벗어날 수 있기 때문이다.

반면 치료하기 가장 어려운 유형은 자신의 감정을 부인하거나 눈물을 흘릴 정도의 감정 상태까지 가지 못하는 내담자이다. 엄마들은 10개월 동안 배속에서 키운 자신의 아이가 세상으로 나와 처음으로 우는 소리를 들었던 순간을 기억한다. 그때 아무도 갓난아이가 울지 않게 하려고 애쓰지 않는다. 아이가 우는 것은 그것 자체로 참 소중한 감정 표현 방식이기 때문이다.

하지만 아이를 키우다보면 점점 아이가 우는 게 견디기 힘들어지고, 아이가 우는 것 자체를 부정적으로 바라보게 된다. 〈울면 안 돼〉라는 캐럴도 아이가 울면 산타할아버지가 선물을 주지 않는다는 식으로 아이의 순수한 감정 표현을 억압하고 있는지 모른다. 더구나 우는 아이는 착한 아이가 아니고 나쁜 아이라는 식으로 잘못된 주입을 시키기까지 한다.

사실 이 캐럴은 우는 아이뿐 아니라, 그 노래를 함께 부르는 엄마의 눈물도 마르게 하고 있다. 그리고 엄마가 우는 것은 착한 엄마가 아니라 나쁜 엄마라는 생각까지 하게 만든다. 마치 엄마가 울면 아이에게 무슨 문제가 생길 것처럼 여기는 것이다.

아이는 울고 싶을 때에 울어야 한다. 그게 심리적으로 건강한 아이이다. 그리고 엄마도 울고 싶으면 울어야 한다. 그게 울고 싶어도 못 우는 엄마보다 심리적으로 건강한 엄마이다. 분노 조절이 잘 되지 않을 때, 감정적으로 힘이 들 때 시원하게 마음껏 울자. 엄마니까 그래도 된다.

엄마들 관계 때문에
더 외로워요

소통이 없는 외로운 엄마의 일상

미진 씨는 엄마가 되고 나서 외로움이란 감정이 가장 힘들었다. 출산 후 말 안 통하는 아기와 하루 종일 함께하는 생활을 이어가다보니 답답했다. 산후조리원 동기 모임에 활발하게 참여하는 엄마들도 많다던데, 아쉽게도 미진 씨는 조리원에서 다른 엄마들과 친해질 기회가 없었다. 아기 키우며 인스타도 시작하고 맘카페를 통해 소통도 해봤지만 실질적인 소통에 대한 아쉬움이 컸다.

시간이 흘러 아이가 24개월이 되자 좋은 기회다 싶어 문화센터에 등록했다. 아이를 위함도 있었지만 문화센터를 통해 엄마들끼리 커뮤니티도 생긴다 해서 내심 기대했다.

문화센터 첫날, 아이 활동을 지켜보며 엄마들도 자연스

레 둘러보았다. 다행히도 무난해 보이는 첫인상을 가진 엄마들이 많았다. 몇 주가 지나자 그중 한 엄마가 다 같이 키즈카페에 가자고 제안했다. 이후 다른 엄마들과 대화를 하기 시작했고, 단톡방도 생겨 낮이고 밤이고 수다 삼매경에 빠졌다. 그렇게 지내다보니 오랜 기간 느꼈던 외로움이 해결되는 느낌이었다. 육아 동지도 얻고 친구도 얻은 느낌이라 육아하는데 큰 원동력이 생긴 느낌마저 들었다.

그런데 그것도 잠시, 불편한 일들이 생기기 시작했다. 단톡방 대화를 보고 있자니 마음이 불편해질 때가 많았다. 나는 아이 돌보고 중간중간 집안일 하느라 정신없는 하루를 보내는데, 다른 엄마들은 그렇지 않아 보였다. 집안일을 도와주시는 이모님이 있는 엄마도 있었고, 힘들 땐 가까이 사는 친정엄마의 도움을 받으며 영화를 보고 오는 엄마도 있었다. 저녁엔 남편이 주로 아이를 돌봐 그 시간엔 개인 시간을 누리는 엄마도 있었다. 처음엔 그런 이야기들이 부러웠는데 시간이 지나자 나와는 다른 상황을 이야기할 때마다 기분이 나빠졌다. 자랑하는 듯 느껴지기도 했고, 내가 하소연을 할 때 해주는 위로의 말에서 내 자신이 초라해지는 느낌조차 들었다.

미진 씨는 문화센터 재등록 기간이 되었지만 재등록을 하지 않았다. 엄마들과의 소통 자체가 스트레스가 되었기 때문이다. 다행히도 단톡방 대화도 점점 시들해지는 것 같았다. 엄마들로 인한 스트레스가 줄어들어 문득 생각이 들었다. 혹시 나만 빼고 새로 방을 만든 건가? 그러든 말든 알 바 아니라고 생각했지만 남에게 이토록 신경을 쓰는 자신에 대한 자괴감이 들었다. 곧 어린이집에 다니게 될 텐데, 거기 엄마들 모임에서는 어쩌지 하는 걱정부터 들었다.

심리적 거리 두기가 어려운 관계

엄마의 삶은 복잡한 인간관계의 연속이다. 엄마가 되기 전부터 이미 결혼을 통해 남자친구가 아닌 남편과의 새로운 관계에 적응해야 하고, 부모님보다 더 신경 써야 할 시부모님이란 존재가 생긴다. 아이를 출산하고 키우다보면 초반엔 신체적으로 힘들지만 점점 감정적으로 힘들어진다. 육아도 결국 아이와 나의 관계이기 때문이다.

이처럼 육아가 정말 힘든 이유는 관계 때문인 경우가 의외로 많다. 예상치 못한 부분이라 혼란스러워할 틈도 없이 복잡한 관계 문제가 시작된다. 아이를 중심에 둔 엄마들과의 관계가 계속 생겨나는 것이 그것이다. 문화센터 모임을 시작으로, 어린이집 유치원을 거치며 엄마들 모임이 계속 생긴다. 모임이 많고, 단톡방도 여러 개 쌓여간다.

　　엄마가 되기 전까지의 인간관계는 불편해지면 모임을 안 나갈 수도 있고, 심한 갈등 상황이 되면 대놓고 관계를 끊을 수도 있다. 하지만 아이를 중심에 둔 관계에서는 그게 어렵다. 아이의 친구들이 얽혀 있고, 같은 지역이라 한 다리 건너면 아는 사이라 안 좋은 소문이 날 수도 있다. 당장 피한다 해도 나중에 초등학교에서 같은 반 학부모로 만날 수도 있는 일이다.

　　그래서 저 엄마가 무난한 사람인지 아닌지 나와 성격이 맞을지 안 맞을지 첫인상 파악부터 에너지가 많이 든다. 혹시라도 밉보이면 안 된다는 생각에 말 한마디 한마디 할 때마다 생각을 하고 조심스럽게 한다. 말 한마디를 들을 때마다 혹시 나를 향한 말을 돌려서 하는 건 아닌가 곱씹게 되기도 한다. 그러다보면 관계가 새로 시작될 때마다 부담이 된다.

　　결국 자신도 모르게 '회피'라는 방어기제를 쓴다. 너무 가까이 지내는 것을 조심하고, 어느 정도 거리를 유지하며 지낸다. 한 개인과의 심리적 갈등 때문에 모임 구성원 전체와 거리를 두기도 한다. 그렇게 피하면 마음이라도 편하면 좋을 텐데 마음이 그리 편한 것도 아니다. 정보 부족으로 아이에게 발생할 혹시 모를 손해를 상상하며 불안해지기도 한다.

그래서 물리적으로 거리 두기는 했지만 심리적 거리 두기는 철저히 실패한다. SNS를 통해 엄마들의 근황을 꾸준히 업데이트하면서 계속 엄마들을 의식한다. 아이만 신경 쓰기에도 부족한 심리적 에너지인데, 다른 엄마들과의 관계 스트레스로 인해 허비되니 참 안타까운 현실이다.

외로움은 다른 사람이 아닌 나와의 관계

어떻게 이런 악순환을 해결할 수 있을까? 우선 이 악순환을 잘 이해해야 한다. 흔히 외로워서 다른 사람과 관계를 맺는다고 착각한다. 그래서 연애를 하고, 깊은 관계를 형성하는 데 집중하기도 한다. 하지만 그럴수록 집착으로 이어지고 상처로 이어진다.

외로움은 다른 사람과 가까워진다고 해결되는 감정이 아니기 때문이다. 아이와 하루 종일 붙어 있어도 외로움을 느끼는 것만 봐도 알 수 있다. 너무 외로워서 '혼자' 여행을 떠나고 싶은 엄마만의 감정을 봐도 그렇다. 외로움은 다른 사람과의 관계가 아닌, 나 자신과의 관계로부터 비롯된다. 나 자신과 소원해질수록 심해지는 감정이다.

　나 자신과의 관계라는 개념이 생소할 수 있지만, 심리적으로 아주 중요한 개념이다. 자신을 타인처럼 대하고 자신에 대해 얼마나 알고 있는지 따져볼 수 있어야 한다. 사람의 마음은 크게 생각과 감정으로 이루어져 있다. 그리고 매 순간 무수히 많은 생각과 감정이 생기고 사라진다. 엄마로 살다보면 매 순간의 생각과 감정을 파악해야 할 '아이'란 존재가 생긴다. 아이의 많은 행동 이면에 있는 생각과 느낌을 헤아리려고 노력한다. 그것에 맞춰 반응해주는 상호작용이 가장 중요한 엄마 역할이기 때문이다.

　문제는 그럴수록 엄마 자신의 생각과 감정을 파악하기가 무뎌진다는 점이다. 아이 먹일 생각을 하다보면 내가 뭘 먹고 싶은지 잊어버리고, 아이에게 경험시켜줄 활동을 고민하다보면 내가 좋아하는 일들을 점점 잊어간다. 아이의 울음소리만 들어도 표정만 봐도 어떤 생각을 하는지 어떤 감정인지 능숙하게 파악하면서도, 나 자신은 지금 뭘 하고 싶은지 뭘 먹고 싶은지조차 알지 못한다.

　남편 심지어 나를 가장 잘 알고 있는 친정엄마조차 물어봐주지 않는다. 아이가 태어나면 한동안 모두 아이에게만 관심을 갖기 때문이다. 어느 순간 현실을 인식하고 잠시 심리적 갈등을 겪지만, 엄마의 삶이 원래 이런 거라며 합리화하고 비슷한 일상을 지내게 된다.

나와의 관계부터 회복하기

인간관계는 다른 사람과 나와의 관계이다. 다른 사람에게 신경 쓸수록 인간관계를 잘할 것 같지만 현실은 그 반대이다. 타인 중심 모드로 다른 엄마들과 인간관계를 하기 때문에 첫인상은 좋게 보일지 몰라도 결국 백전백패한다. 다른 사람에게 신경 쓸수록 말과 행동에 지나치게 조심하느라, 인간관계에서 위축되고 부담스러워져 결국 회피하게 된다. 오히려 남을 향한 안테나를 자기를 향해 돌릴 수 있어야 한다. 자신과 타인에게 향한 안테나의 균형이 맞춰질 때 안정적인 인간관계를 오랫동안 지속할 수 있다.

아이에게 가 있는 안테나를 자신에게 적절하게 돌리는 것은 이기심도 모성애 부족도 아니다. 선택이 아니라 필수라는 생각으로 그 순간 느껴지는 자책감을 떨쳐버릴 수 있어야 한다. 나를 챙기는 것에서 자책감을 느끼는 것은 익숙하지 않은 행동이기 때문이다. 이 갈등을 해결하려면 한 가지 방법뿐

이다. 익숙해져야 한다.

내가 먹고 싶은 음식이 뭔지 모르겠다면, 원래 좋아하던 음식을 기억하고 꼭 먹어봐야 한다. 내가 뭘 하고 싶은지 모르겠다면, 원래 좋아하던 취미를 기억하고 귀찮아도 꼭 다시 해봐야 한다. 내가 어딜 가고 싶은지 모르겠다면, 예전에 좋아하던 장소를 꼭 다시 가봐야 한다. 그래야 나를 향한 관심이 회복되고, 그래야 앞으로 있을 무수히 많은 엄마들과의 인간관계에서 적당히 잘 지낼 수 있다. 그래야 시댁, 남편, 우리 아이와의 관계도 안정적으로 유지할 수 있다.

"외로움은 다른 사람과의 관계가 아닌,

나 자신과의 관계로부터 비롯된다.

나 자신과 소원해질수록 심해지는 감정이다."

Henri Matisse, Large Interior, Nice, 1918–1919

SNS에
중독된 것 같아요

셀피티스가 되어가는 엄마들

승준이 엄마는 요새 고민이 생겼다. 이상하게도 아이 낳고 사진을 찍어 인스타 피드 올리는 횟수가 점차 늘어나고 있기 때문이다. 이게 혹시 병인가 싶기도 하고, 아이 사진이나 자신의 사진을 매순간 찍어 올리지 않으면 불안한 마음까지 들었다. 그리고 친구들이나 사람들의 댓글을 지나치게 의식해 댓글이 달리지 않으면 또 다른 사진을 찍어 올리고를 반복했다. 정도가 심해지자 남편도 자신을 이상하게 보는 것 같고, 그만 좀 올리라는 친구도 있었지만 기계적으로 사진을 찍고 올리고를 반복했다.

미국의 정신의학회APA는 2014년 4월 시카고 연례회의에서 셀카를 찍어 SNS에 올리는 데 집착함으로써 자존감을 회복하고 친밀감을 높이려는 현상을 '셀피티스selfitis'로 부르며 일종의 정신질환으로 명명했다. 구체적인 단계까지 소개했는데 하루 최소 세 번 이상 셀카를 찍지만 SNS에는 올리지 않는 것을 '경계 셀피티스', 하루 최소 세 번 셀카를 찍고 SNS에 올리는 것을 '급성 셀피티스'로 규정했다. 또한 하루 여섯 번 이상 셀카를 찍어 SNS에 올리는 등 제어할 수 없는 경우에는 '만성 셀피티스'라고 했다. 승준이 엄마처럼 아이들 사진을 찍어 SNS에 올리는 행위의 이면을 살펴보면, 아이를 자신과 동일시하고 그 이면에는 낮아진 자존감을 회복하려는 마음이 있다. 이런 측면에서 스스로 제어할 수 없을 정도로 셀카를 찍고 SNS에 올린다면 이것도 일종의 '셀피티스'다.

엄마인 자신을 드러내기 위한 수단, SNS

엄마로 살다보면 자신을 소중히 여기는 마음을 가지기가 어려워지고 그런 마음을 가지는 것 자체가 사치로 여겨진다. 아이를 위해 사는 게 엄마의 삶이라고 당연하게 받아들이다보니 자신을 가꾸는 일에 거리를 두게 되는 것이다.

어쩌다 아이를 남에게 맡기고 머리를 하러 가는 것도 왠지 내 사욕만을 채우는 것 같고, 마치 아이에게 잘못하는 것 같다. 그래서인지 많은 엄마들이 미용실 한번 마음 놓고 제대로 가지 못한다. 엄마가 정말로 아이만을 위해 살 수 있고 진심으로 만족할 수 있다면 괜찮지만, 아쉽게도 대부분의 엄마들은 그렇지 못하다. 엄마이기 때문에 당연히 그래야 한다고 머리로는 생각하지만 마음 한편엔 아쉬운 감정이 남아 있다. 그렇게 남아 있는 감정은 자신을 드러낼 수 있는 다른 방법들을 찾는다. 그중 하나가 아이를 자신과 동일시하고 자신을 돋보이게 하기 위한 수단으로 일종의 액세서리처럼 아이를 이용하는 것이다.

다른 사람의 반응에 과민한 엄마들

이처럼 엄마가 자신과 아이를 동일시하는 것은 엄마의 선택이지만, 출생과 동시에 엄마에게 전적으로 의존적일 수밖에 없는 운명을 타고난 아이의 입장에서는 선택이 아니다. 그리고 엄마의 이런 심리는 아이에게 많은 영향을 미친다. 아이에게 부정적인 영향을 미치는 엄마의 심리로 주로 우울, 불안, 강박, 충동성 그리고 자기애적 성격을 꼽는다. 이 중에서 자기애적 성격이 일상생활에 지장을 초래할 정도로 지속되면 자기애적 인격장애라고 한다.

그 진단 기준을 통해 특징을 살펴보면 자신에 대한 과대화, 칭찬에 대한 욕구, 사랑받고자 하는 욕구, 과시와 거만함, 특권의식, 우월성, 자기중심적 인식, 과민성 등이다. 특히 이런 사람들은 다른 사람의 반응에 과민하고 취약하다. 이러한 자기애적 성격을 가진 엄마는 자기가 우월하고 특권을 가졌기 때문에 세상 사람들이 자신을 위해 움직여야 한다고 믿는다. 그런데 이러한 자아상을 유지하려면 주변 사람들, 특히 아이에게조차 많은 것을 요구한다는 점이 문제이다.

아이와의 동일시는 엄마의 욕구를 채우기 위한 목적

자기애적 성격 형성 원인을 설명하는 가설은 크게 두 가지이다. 하나는 어릴 적 부모로부터 거절받은 경험이 많으면 세상에 대한 불신이 형성되고, 그렇기 때문에 자기 자신만 믿게 되어 자기애적 성격으로 발전한다는 것이다. 다른 하나는 어릴 적부터 부모가 아이를 과대평가했다면 자기애적 성격이 형성된다는 것이다. 이 두 가지는 정반대의 이야기 같지만 어찌 보면 맥락은 비슷하다. 아이의 욕구를 거절하는 것도, 아이를 과대평가하는 것도 그 이면에는 엄마 스스로의 욕구를 채우기 위한 목적이 숨겨져 있기 때문이다.

사실 엄마로 살다보면 우울할 때가 많다. 아이를 키우는 일 자체가 매너리즘에 빠지기도 쉽지만 더 우울한 이유는 따로 있다. 자신이 결혼 전 이루지 못한 꿈이 육아를 하면서 그대로 고착될 것처럼 여겨지기 때문이다. 엄마는 그러한 우울감으로부터 벗어나기 위해, 자녀를 자기가 생각하는 이상적인 모습으로 키우면서 아이에게 자신의 소망을 투사한다.

그리고 아이의 삶이 자기 자신의 삶인 것처럼 동일시하는데, 이것을 반-우울적 나르시즘이라고 한다. 일종의 콤플렉스에 대한 방어기제로, 이전에 경험했던 고통스러운 감정이 재경험되며 우울과 불안을 느낄 때에 그것을 극복하기 위해 자기애를 사용하는 것이다. 특히 사회적으로 인정받던 커리어우먼으로 살다 아이 때문에 육아에 전념한 경우, 포기했던 사회적 성취를 아이를 통해 이루려는 욕구가 강한 면도 이러한 맥락이다.

물론 엄마도 그러한 자기애적 성향을 스스로 선택하는 것은 아니다. 엄마 자신이 어릴 적에 해결되지 않은 자기애적 갈등을 자기도 모르게 아이에게 투사하는 것이다. 하지만 아이가 자라면서 자신을 엄마와 동일시하면, 그러한 부정적인 특징들까지 아이에게 고스란히 전달된다. 엄마 자신의 해결되지 않은 갈등을 아이에게 대물림해 결국 엄마는 더 고통스러워진다.

아이를 자신과 동일시하고 SNS에 올리는 것에 집착하는 것처럼, 자기애적 엄마는 자아가 견고하지 못하고 자신과 다른 사람의 경계가 명확하지 않기 때문에 아이와의 관계도 뚜렷하게 구분하지 않는다.

때문에 아이의 자율성을 제한하기 쉽고 때로는 수치심을 유발하면서까지 아이를 통제하고 지배하려 한다. 다른 말로 하면 엄마가 아이를 대할 때 자기중심적으로 대하고 착취적이기까지 하다. 이런 경우, 아이의 욕구를 이해하고 공감하기보다는 자신의 욕구에만 관심을 가지기 때문에 아이의 욕구는 좌절되기 쉽다. 그렇게 자란 아이는 좌절된 자신의 욕구를 외부로 표현하는 공격성을 보인다. 또한 수면 장애, 섭식 장애, 잦은 울음, 공격성, 반항, 분노 행동과 같은 문제를 보이며 애착 장애를 야기하기도 한다.

사진보다 아이의 감정을 들여다보자

자신을 위해서든 아이를 위해서든 아이 사진을 많이 찍어주는 것 자체는 큰 문제가 되지는 않는다. 정작 문제는 사진을 찍는 그 순간 아이의 감정을 들여다볼 여력이 없다는 점이다. 아이는 엄마가 자신의 감정이 담긴 표정을 바라봐주면 스스로에 대한 확고한 믿음을 갖고, 다른 사람의 시선을 의식하지 않는다. 하지만 안타깝게도 SNS에 올리기 위해 사진을 찍을 때 엄마들은 아이를 웃게 하고, 사진을 찍으면서 정작 아이가 웃는 모습에 반응해주지 못하는 경우가 많다. 아이는 엄마가 자신이 아닌 다른 것에 관심을 갖고 애정을 쏟는 느낌을 받으면 스스로가 열등하다고 느끼고, 그것을 방어하기 위해 과대 포장된 자기를 만들어낸다. 이런 식으로 또 다른 자기애적 성향이 탄생하는 것이다.

SNS 주체가 중요하다

물론 SNS 자체는 나쁘지 않다. 특히 반복되는 육아 일상을 겪으며 답답할 때에 숨통을 트이게 해주고, 소소한 육아 관련 정보들도 얻을 수 있다.

나 역시도 전업육아 하며 블로그를 시작했는데 육아하면서 힘들 때 육아 동지를 많이 만났다. 그들은 기쁜 일에는 함께 축하해주었고 아이가 아플 때에는 함께 진심으로 위로하고 응원해주었다. 더구나 아이를 키울 때에 실질적인 도움이 되는 다양한 정보도 얻을 수 있었다. 사진을 포함하는 포스팅이 쌓이다보니 나중에 추억하고 싶을 때에 찾아보기도 참 좋다.

그렇기 때문에 SNS에 많은 시간을 투자하는지 여부보다는 그 주체가 누구인지가 중요하다. 궁극적으로 아이를 위하는 것인지 나의 결핍을 채우기 위한 것인지 인식하지 않으면 주객이 전도되기 쉽다. SNS에 심취해 있는 것이 막연하게 아이를 위한 것이라고 생각하지만, 잘 따지고 보면 나를 드러내기 위한 경우가 많다. 사실 아이를 위한 추억 저장이라면 좋은 사진을 찍기 위해 수없이 카메라 샷 버튼을 누르고 그렇게 열심히 구도를 잡지 않아도 된다. 그러한 행동 이면에 담긴 나의 외로움, 공허함, 허전함 등을 인식하면 된다.

나의 숨겨진 감정에 직면하는 것이 심리적으로 큰 고통을 야기하기 때문에 다른 것들로 자신과 아이를 포장하는 것이다.

우리 아이들이 더 커버리기 전에 사진을 열심히 찍어두자. 그런데 조금 덜 찍고 조금 덜 올리면서, 그 시간에 아이의 표정을 바라보고 아이의 감정을 진심으로 느껴보는 건 어떨까.

엄마가 되고
내 이름이 없어진 것 같아요

좋은 엄마 기준대로 살아가는 엄마들

요즘은 엄마 역할이 크게 변했다. 예전엔 전통적으로 내려오는 육아 방식만 고수하면 그것으로 엄마 역할을 다한 것이라 여겼다. 하지만 요즘은 육아 정보도 많고, 예전보다 엄마에게 요구되는 것들도 많다. SNS를 통해 보이는 주변 사람들의 육아 일상은 실제보다 더욱 바람직하고 완벽하게 보인다. 나 역시 피드를 올릴 때마다 육아를 여유롭게 즐기는 듯한 인상을 주는 것 같아 미안하다. 힘들고 어려운 이야기도 하고 싶지만 그런 이야기만 하자니, 굳이 힘든 모습을 즐겨 보지 않을 것 같아 힘든 이야기는 기피하게 된다.

요즘 엄마들이 추구하는 엄마상은 완벽한 엄마이지만, 대부분의 엄마들이 어릴 적 경험한 엄마는 그렇지가 않아 그 차이로 인한 심리적 갈등을 경험하면서 더욱 엄마라는 자리가 부담스러운 자리가 되어가는 것 같다.

엄마라는 무거운 가면

'페르소나'는 고대 그리스 연극에서 배우들이 쓰는 가면을 말한다. 배우가 왕의 가면을 쓰면 왕이 되고 신하의 가면을 쓰면 신하가 되는 것이다. 가면의 역할을 잘하면 관객들은 감동을 하기도 하고, 잘 못하면 비평을 하기도 한다. 하지만 배우는 가면과는 전혀 다른 한 개인일 뿐이다.

우리 역시 집단사회에서 살면서 자신에게 기대되는 여러 역할을 수행하려고 노력한다. 분석심리를 개척한 융은 인간이 집단사회에 적응하기 위해 터득하는 사회적 역할을 '페르소나'라고 했다. 엄마라는 페르소나가 예전과 같지 않은 이유는 페르소나 자체가 사회적·문화적 영향을 많이 받기 때문이다. 그 부담감이 워낙 크기에 그로 인한 심리적 갈등을 경험하고, 이를 여러 가지 방어기제로 해결하는 경우가 많다. 최근 엄마의 현실을 '디스'하며 재미를 주는 현실육아 피드, 웹툰 등이 인기 있는 이유는, 엄마들의 복잡한 심리적 갈등을

'유머'라는 방어기제로 해결했기 때문이다.

　　스스로가 엄마로서 지켜야 할 의무와 책임 등을 강조할 때에 페르소나는 더욱 강화된다. 그러나 페르소나는 사회가 만들어준 틀과 같은 것이기 때문에 그 사람의 진정한 삶, 가야 할 길과 반드시 일치하진 않는다. 삶의 목표를 페르소나와 일치시켜 페르소나에 따라 살아가다보면, 자기 자신의 자연스러운 본성을 발휘할 수 없다.

　　엄마라는 페르소나에 따라 사는 것도 마찬가지이다. 페르소나로서의 삶과 자기 본성으로서의 삶을 구분하고 페르소나에 가려 보이지 않던 진정한 자기 자신을 찾는 작업이 필요하다. 그런데 많은 엄마들은 스스로를 페르소나와 동일시하는지 아닌지조차 구분하지 못한다. 우리 가정, 나아가 이 사회의 요청이 나의 일이라고 생각하기 때문이다.

너무 좋은 엄마가 되려고 하지 말자

사회가 요구하는 엄마 역할에만 충실하고 자기 마음을 돌보지 않으면 어떻게 될까? 일시적으로 무언가 성취한 듯 느껴질 수 있고, 주위 사람으로부터 칭찬 받고 좋은 엄마라는 이미지도 생길 수 있다. 하지만 페르소나와 동일시하면 할수록 내면의 마음을 소홀히 여긴다. 또 자기 자신에게서 분리된 생활을 지속하다보면 여러 가지 신체적·정신적 건강 문제가 생기기도 한다. 이러한 문제는 직장생활을 충실히 하며 그것이 자기 삶의 전부인 듯 살아온 중년 남성에게서 흔히 일어난다. 모범적인 직장인이 집에 오면 폭군으로 변하는 이중적 성격, 대외적으로 존경받는 모습과 상반되는 성적 충동을 억제하지 못하는 정치인이나 종교인의 예 역시 마찬가지이다.

이렇듯 인간의 본성에서 철저히 분리된 채 사는 것은 위험하다. 엄마 역시 아이에게 향한, 다른 사람들을 향한 시선을 자기 자신의 속마음, 감정, 본성 등으로 되돌려야 한다. 분노, 우울, 불안, 두통, 근육통, 만성피로 등은 자기 스스로 본성을 추구하라는 무의식의 의도에서 나온 증상들이다. 엄마의 삶을 살다가 이와 같은 신경증 증세가 나타나면, 그것을 경계 신호로 보면 된다. 지금까지의 삶에 문제가 있었다고 보면 된다.

엄마 마음속에도 아이가 있다

이렇듯 페르소나와 동일시된 삶은 여러 가지 부작용이 많다.

하지만 엄마라는 페르소나와 자신을 구분하기란 쉽지가 않다. 그렇기 때문에 더욱이 자기 자신의 본성, 순수한 자신의 생각과 감정을 발견하기 위한 노력이 필요하다. 이 사회가 나에게 주는 엄마라는 호칭과 가면을 벗어버릴 때에 내 안의 본성이 숨을 쉴 수 있다. 융은 "모든 사람에겐 영원한 어린아이가 숨어 있다. 마음속 어린아이에게 비로소 자리를 내주라"라는 이야기를 했다. 그러기 위해선 우선 마음속 어린아이를 제대로 발견하는 과정이 필요하다. 이는 널리 쓰이는 심리치료 방법으로 개인의 현재 욕구를 파악하고, 내가 정말 원하는 것이 무엇인지를 발견할 수 있도록 도움을 준다.

마음속 아이를 만나는 전제 조건

상담을 하다보면 성장과정에서 자신이 겪은 부모님에 대한 기억을 이야기하는 경우가 많다. 그런데 대부분은 자신이 경험한 부모님에 대한 감정이 아닌 부모님을 변호하는 부모님의 감정을 이야기한다. 자신의 기억이 왜곡되었고, 부모님의 입장에서는 그렇지 않았을 수도 있다는 식으로 먼저 변호를 하고 나서 자신의 생각과 감정을 조심스레 이야기하는 내담자가 많다.

하지만 객관적으로 부모님의 입장이 어땠는지, 그런 말과 행동을 실제로 했는지 안 했는지는 중요하지 않다. 개인이 느끼는 감정과 생각이 중요하다. 내담자와 개인 상담을 할 때에도, 이런 이야기를 끊임없이 해줘야만 비로소 방어체계가 풀리면서 솔직한 자기 감정을 들여다본다.

마음속 아이의 생각과 감정, 그리고 욕구를 발견하기 위한 전제 조건은 그것이 어떠한 것이든 다른 사람이 판단할 성격의 것이 아니라는 확신을 갖는 것이다. 그 어느 누구도 내가 겪은 상황을 경험해보지 않았기에, 관련된 나의 생각과 감정은 내가 원하든 원치 않든 타당하다. 정신적으로 건강한 사람은 자기 내면의 감정을 있는 그대로 잘 보듬고, 그것을 표현할 수 있는 사람이다.

양가감정 인정하기

자기 내면의 감정에 다가가다보면 혼란에 빠지는 경우가 있다. 내 안에 정반대의 감정이 공존한다는 걸 인식하면 갈등 상황에 놓인다. 한 예로, 어릴 적부터 엄마가 헌신적으로 자신을 돌보았고 어려운 여건 속에서도 엄마의 도리를 다하려고 노력했던 기억이 있으면 엄마에 대한 고마운 감정이 있다. 하지만 엄마가 감정적으로 힘들 때마다 자신에게 폭력을 행사한 기억도 있다면, 그 이유가 어떻든 아이의 입장에서는 엄마에 대한 분노의 감정이 남아 있을 수 있다.

이러한 긍정적인 감정과 부정적인 감정 두 가지 감정이 공존하는 것은 문제가 되지는 않지만, 이것을 균형 있게 받아들이지 못하면 문제다. 내 입장에서는 이럴 때 엄마는 좋았고, 이럴 때 엄마는 좋지 않았을 수 있다. 두 가지 상반된 감정 모두 소중한 나의 감정이고 공존하는 것은 아무런 문제가 안 된다.

어떤 것이 옳은 감정인지 한 가지를 결정하고 싶은 마음 자체를 내려놓는 것이 오히려 내 감정에 솔직하게 다가가는 방법이다. 그렇게 하다보면 신기하게도 보이지 않던 나의 마음속 아이에게 한걸음 더 다가가게 된다.

매일 5분, 마음속 아이를 만나자

인간은 사회화되면서 자신의 솔직한 생각과 감정을 그대로 인식하기가 어려워졌다. 지금까지 살아오는 동안, 특히 엄마가 된 이후의 삶을 돌아보면 그 과정이 거의 없었다는 걸 깨닫게 된다.

엄마라면 매일 반복적으로 마음속 아이와 대화하는 연습을 해야 한다. 첫 번째로 아이가 어떻게 보이는지 관찰해야 한다. 지금까지 그랬던 적이 한 번도 없었다면 그 아이는 혼란스러워하면서 불안해할 수도 있고, 숨어 있거나 웅크리고 있을 수도 있다. 있는 그대로 관찰해보자.

두 번째로 그 아이와 대화를 나누어 보아야 한다. 말을 하기보다는 아이가 어떤 이야기를 하는지 잘 들어보자. 엄마로서 어떻게 그런 생각을 할 수가 있냐며 판단하지 말고 그대로 들어주고 공감해보자. 아이를 탓하는 것은 금물이다.

마지막으로 아이가 무엇을 원하는지 물어보자. 아이는 엄마가 아니기 때문에 혼자 남미로 배낭여행을 떠나고 싶다는 등, 엄마로서 누리기 힘든 것을 원할 지도 모른다. 주의할 점은 아이이기 때문에 엄마라는 기준으로 판단하면 안 된다.

금기는 없다. 어떠한 것을 원해도 상관없다. 이러한 3단계를 거쳐 마음속 아이를 만나는 것을 습관적으로 하다보면 자기 자신의 생각과 감정을 발견하는 데에 도움이 된다. 생각보다 시간이 오래 걸리지 않는다. 하루에 딱 5분만 투자해서 아이를 만나보자. 지금이라도 자신을 찾아줘서 참 고맙다는 마음속 아이의 음성을 듣게 될 것이다.

"어떤 것이 옳은 감정인지

한 가지를 결정하고 싶은 마음 자체를 내려놓는 것이

오히려 내 감정에 솔직하게 다가가는 방법이다.

그렇게 하다보면 신기하게도 보이지 않던

나의 마음속 아이에게 한걸음 더 다가가게 된다."

엄마,
단순해지고
느려지자

느리게 살기 힘든 엄마의 삶

모처럼 외식을 해서 맛있는 음식을 먹긴 먹었는데 그 맛을 음미하는 것조차 사치처럼 느껴지는 삶, 가을 나들이를 가긴 갔는데 가을을 맘껏 즐기기는커녕 늘 아이를 바라보고 있어야하는 삶. 정말 아주 잠시라도 멍하게 그저 지금 있는 그 순간을 누리고 싶은데 엄마로 사는 당신은 그러기가 쉽지 않다. 아이와 함께하다보면 늘 뭔가를 해야 하는 것에 익숙해진 삶, 바로 엄마의 삶이기 때문이다.

특히 뭐든 빨리빨리 살아내야 하는 현대사회를 사는 요즘 엄마들은 할일이 참 많다. 늘 할일이 산더미처럼 쌓인 듯한 느낌 때문에, 마음은 조급해지고 속으로 '빨리빨리'를 외치게 된다.

'우리는 느리게 걷자 걷자 걷자.

그렇게 빨리 가다가는 죽을 만큼 뛰다가는

이 사뿐히 지나가는 예쁜 고양이 한 마리도 못 보고 지나치

겠네.'

　　가수 장기하의 노래 중에 〈느리게 걷자〉라는 곡이다. 이 노래는 바쁜 현대인들에게 여유로운 마음가짐의 중요성을 다시금 생각하게 해준다.

단순하고 느리게 살자

엄마의 삶은 단순할수록 좋다. 그래야 마음에 여유가 생기고, 그래야 긴 호흡으로 아이를 키울 수 있다. 진짜 필요할 때에만 전투태세를 갖춰야 한다. 하지만 많은 엄마들은 쉬는 것을 잘 하지 못한다. 몸은 쉬더라도 머리로는 끊임없이 무엇인가를 생각한다. 태평하게 있으면 왠지 좋은 엄마가 아닌 것 같아 일부러 아이의 성장과 발달을 위한 고민거리를 찾아내기도 한다. 하지만 이럴 때일수록 엄마가 소위 멍 때리는 것도 나쁘지

않다.

　엄마의 삶은 느릴수록 좋다. 최대한 느리게 행동하고 느리게 말하는 것은, 결코 게으른 엄마인 것도 아이를 방치하는 것도 아니다. 외출할 때에도 늦을까 봐 전투 모드로 분주하게 준비하지 말고 최소 30분 정도 여유를 가지고 미리 천천히 준비를 시작하자. 아이와 함께 밥을 먹을 때에도 천천히 먹는 여유로운 식사 습관을 가져보자. 옷을 입힐 때에도 지시를 할 때에도 느리게 하자. 일부러 느긋하게 말하는 것은 엄마를 위해서도 아이를 위해서도 좋다. 느리게 말할 때, 그동안 볼 수 없었던 아이의 미묘한 반응을 발견할 수 있는 놀라운 경험도 하게 된다.

아이와 함께 경험하는 5차원 세계

국내에서 크게 흥행한 영화 〈인터스텔라〉에서 주인공은 시공간을 초월한 경험을 한다. 동시에 관객들도 시공간을 초월한 간접 경험을 하는 희열을 만끽했다. 그런데 아이를 키우는 엄마의 입장에서는 굳이 인터스텔라를 보지 않아도 매일의 일상에서 시공간을 초월한 경험을 한다. 아이를 통해 과거로의 여행을 떠나기도 하고, 시간이 몇 배로 느리게 가거나 멈춘 듯이 느껴지기도 하고 몇 배로 빨리 가는 경험도 한다.

아이는 한 가지 행동을 무한 반복한다. 그 모습을 가만히 보고 있으면 이전까지 경험한 시간의 속도와는 전혀 다른 시간의 속도를 경험한다. 아이가 과자 봉지를 뜯는 그 짧은 시간도 참지 못해 보채는 것을 보면 참을성이 없어 보인다. 하지만 한편으론 무엇인가 몰두해 같은 행동을 반복할 때는 어른인 엄마보다도 인내심이 강해 보인다. 이처럼 아이가 그때그때 경험하는 시간 경험은 어른으로 살면서 경험하는 시간 경험과는 전혀 다른 것이다.

판에 박힌 듯 반복되는 엄마의 일상에서 해방시켜주는 아이들의 행동을 잘 관찰해보자. 어느덧 나도 어른이 되어 누리지 못하던 아이였을 때의 행동 패턴을 조금씩 찾아보자. 아이와 있다보면 평소의 시간 개념이 허물어진다. 허비하듯 몇 시간을 때우는 게 생각보다 그리 어렵지 않다는 것 또한 알게 된다.

인간관계도 일도 엄밀히 따져보면 그 순간 현재만을 위한 일은 없다. 대부분 미래를 보고 투자하는 시간인 경우가 많다. 아이와 함께하는 지금 이 순간을 있는 그대로 즐기는 여유를 누리자. 만약 엄마가 아니었다면 인생에서 이런 시간은 누리지 못했을지도 모른다.

CHAPTER 04.

GOOD
ENOUGH
MOTHER

오늘도 ──── 말 못할
감정으로 힘들었다면

Henri Matisse, 「Interior with a Young Girl」, 1905~1906

아이 키우며
어린 시절 상처가 떠올라요

완벽하게 육아를 잘하고 싶은 엄마

혜원 씨는 어린이집, 문화센터, 교구 등 아이의 양육과 관련된 최신 정보를 꿰뚫고 있어 엄마들 사이에서 인기가 많다. 요즘 엄마들은 주변에서 아이에게 이것저것 해주는 것을 보면, 나는 가만히 있어도 되나 걱정이 드는 것이 사실이다. 늘 최신 정보가 많은 혜원 씨가 어딜 가나 엄마들 사이에서 환영받는 것은 어쩌면 당연한 일일지 모른다.

하지만 완벽하게 엄마 노릇을 하는 것 같아 보이는 혜원 씨도 고충이 있었다. 때로는 아이에게 쏟는 열정이 명확하게 설명하긴 어려운 조바심이나 왠지 모를 불안감에서 나오는 것 같은 생각 때문이다. 무엇보다 아이를 잘 키우기 위해 노력하면 할수록 어릴 적 친정엄마에게 받았던 양육 경험이 기억 저 깊은 곳에서 스멀스멀 피어올라 그녀를 힘들게 했다.

그녀의 기억에 어릴 적 엄마는 다른 엄마들보다 바쁜 엄마였고, 상대적으로 자신에게 소홀했다는 생각이 마음 한구석에 자리 잡고 있었다. 그때는 바쁜 엄마에게 서운하다는 생각을 하지 못했는데, 아이를 키우면서 오랫동안 꿈꾸던 커리어우먼으로서의 삶을 살지 못하자 자신에게 소홀했던 엄마 때문은 아닌가 하는 생각이 들었다.

엄마의 애착 경험은 대물림된다

아이에게 아무리 좋은 양육 환경을 만들어주고 좋은 부모가 되어주고 싶어도, 부모 자신이 자라온 성장 환경이 그렇지 못하면 좋은 환경을 물려줄 수가 없다. 애착 경험이 바로 그것인데, 애착은 한 개인이 가장 가까운 사람에게 느끼는 강한 유대관계를 말한다. 어릴 적 아이가 엄마에게 느끼는 것을 일컫지만 성인이 된 이후에도 애착 경험은 많은 영향을 미친다.

애착에서 가장 중요한 것은 아이의 요구를 민감하게 파악하고 상호작용해주는 것이다. 하지만 아무리 육아 공부를 열심히 한다 하더라도 엄마 본인이 어릴 적에 경험이 없으면 해줄 수가 없는 안타까운 경우를 많이 본다. 어릴 적 성장 경험은 한 사람의 삶의 방식에 녹아들어 있기 때문에 엄마가 된 이후에도 육아 방식에 영향을 미친다. 해결 방법이 없는 것은 아니다. 어릴 적 제대로 된 애착 경험을 하지 못한 엄마도 아이를 위해서 애착 경험을 배울 수 있다. 아이에게 효과적으로 애착 경험을 해줄 수 있는 여러 가지 프로그램들이 이미 개발되어 사용되고 있다.

육아를 하며 겪는 고충은 일일이 나열하기 어려울 정도로 참 많지만 그중 심적으로 가장 힘든 것은 어릴 적 부모로부터 받았던 양육과 관련된 상처를 다시 떠올리는 일일 것이다. 어릴 적 양육 경험은 한 사람의 인격이나 세상을 바라보는 관점, 그리고 심리적 견고함 등과 밀접하게 관련된다. 그래서 정신과 클리닉이나 상담센터에서 기본적으로 작성하는 설문지에는 어릴 적 양육 경험에 대한 문항이 포함되어 있다. 양육 경험이 양육 태도에 고스란히 영향을 미치기 때문이다.

대체로 양육 스타일은 크게 두 가지다. 하나는 자신이 받은 대로 하는 것이고, 다른 하나는 그와 반대로 하는 것이다. 심리적 갈등을 해결하기 위한 개인 고유의 심리적 대응 패턴을 일컫는 '방어기제'와 관련된 용어로 말하자면, 전자는 '동일시', 후자는 '반동형성'이라고 한다.

부정적인 양육 경험이 있다면 반동형성을 하는 것이 당연할 것 같지만 동일시하는 것이 오히려 보편적이다. 그 이유는 내면에서는 계속 어린 시절 부모에 대한 기억으로 분노와 두려움 등 심리적인 갈등을 겪는다. 그런데 부모처럼 행동해 버리면 오히려 그로 인한 심리적 갈등이 줄어들기 때문이다. 절대로 우리 엄마처럼 손찌검하지 않겠다고 다짐하면서도 같은 행동을 아이에게 반복하는 것이 그 이유다. 대부분 무의식적인 과정이기 때문에 처음부터 스스로 깨닫기 쉽지 않고, 누가 말해주더라도 그것을 인정하기가 쉽지 않다.

엄마와 다른 엄마가 되어보자

나는 아이들을 키울 때 무엇보다도 다정다감하려고, 엄하지 않게 키우려고 노력하는 편이다. 우리 윗세대 아버지들은 아들은 엄하게 키우는 것이 남자답게 키우는 아버지의 역할이라고 생각하곤 했다. 요즘에도 그런 아버지들을 종종 볼 수 있는데, 나 역시 어릴 적 경험한 아버지상도 비슷했다. 그런데 아버지가 우리 아이들을 대하는 모습을 보면 어릴 적 경험과 상반된 느낌을 받아 혼란스러울 때가 있다. 엄하던 아버지는 손주들에게는 한없이 다정다감하시고 아무리 떼를 써도 결코 언성을 높이시는 일이 없다. 그런 모습을 보면 어릴 적 아버지께 혼난 경험이 떠올라 불쾌한 마음이 들기도 한다.

그러고 보면 내가 주양육자로 육아빠라는 이름으로 살고 있는 것이 우연은 아닌 것 같다. 꾸준한 사랑을 받는 아빠 육아 프로그램에 출연하는 연예인 아빠들의 인터뷰를 보면 공통점이 하나 있다. 바로 어릴 적 엄한 아버지를 경험했다는 점이다. 어린 시절 자신이 겪었던 부모와 다른 부모가 된다는 것은 생각만큼 쉽지 않다. 하지만 어린 시절의 상처를 치유하는 좋은 방법이 되기도 한다.

어릴 적 이야기를 들어보는 것만으로도 감정은 치유된다

어릴 적 양육 경험에 대한 기억이 떠오르고, 그것으로 인해 괴롭더라도 무조건 덮어두는 것은 좋은 해결 방법이 아니다. 아이를 키우다보면 원치 않아도 계속 관련된 감정이 떠오르기 때문이다. 그렇다고 내 생각대로 부모의 양육 방식을 단정 지어서도 곤란하다. 개인이 받았던 양육 경험에 대한 기억과 감정 자체는 본인에게는 타당한 것이지만 주관적일 수밖에 없다. 부모에 대한 좋은 기억만 있다고 단정 짓는 것도 바람직하지는 않다. 사실은 상처가 커서 부모에 대한 부정적인 기억을 억압하고 있을 가능성이 높다. 부모의 긍정적인 부분, 부정적인 부분을 균형 있게, 또 객관적으로 바라볼 수 있는 사람이 심리적으로 건강하다.

기회가 될 때마다 지나가듯이 부모님께 어릴 적 자신이 어땠는지를 물어보자. 부모님의 이야기를 듣다보면 지금 경험하는 어려움을 나의 부모도 경험했다는 점을 깨달아 공감대가 형성된다. 더 나아가 부모님이 어릴 적 경험한 양육 경험까지도 살짝 엿볼 수 있다.

상처를 극복하려면 그 상처를 객관적인 상태에서 정확히 파악해야 한다. 아이의 시선에서 왜곡되었을 소지가 많은 어릴 적 기억보다는 부모님에게 직접 전해 듣는 것이 좀 더 객관적이다.

그것은 당신 잘못이 아니다

영화 <굿 윌 헌팅>에서 학대와 폭력의 흔적이 가득한 윌의 상처를 어루만지기 위해 숀 교수는 "그것은 네 잘못이 아니란다"라고 말한다. 마찬가지로 당신의 어린 시절이 불행했다면 그것은 결코 당신 잘못이 아니다.

사실 어린 시절 나의 부모로부터 경험한 상처를 마주하는 일은 그리 달가운 일은 아니다. 그럼에도 불구하고 마주해야 하는 이유는 부모를 용서하기 위함은 아니다. 내 마음의 갈등 해소를 위한 섣부른 용서는 여전히 자책감과 분노가 억눌려 있을 뿐 해결된 게 아니기 때문이다.

바로 엄마 된 나 스스로의 성장을 위해서 마주해야 한다. 엄마는 아이를 키우는 인고의 과정을 통해 분명 성장을 한다. 육아라는 어떤 극한의 과정을 통과하기 때문이기도 하지만, 자신의 어릴 적 상처를 끊임없이 마주하기 때문이기도 하다. 그리고 아이에게 같은 상처를 주지 않기 위해서이다. 괴롭기 때문에 상처를 부정하고 마음속 깊은 곳으로 눌러놓으면, 순간순간 그 감정이 튀어나오고 결국 아이에게 똑같은 상처를 준다.

잊고 지냈던 상처를 자각하고 인정하면 그만큼 자신의 아이를 있는 모습 그대로 더 사랑할 수 있다. 똑같은 상처를 아이에게 물려주지 않으려 노력하고, 그대로의 배려 깊은 사랑으로 키우게 된다. 아이를 위해서뿐만 아니라 자기 자신을 위해서 어릴 적 받은 상처는 육아라는 기회를 통해 끊임없이 돌아보는 게 좋다.

　낮은 자존감 문제로 오랫동안 상담을 했던 수현이 엄마가 기억난다. 그녀는 낮은 자존감이 엄마의 양육 방식과 관련이 많다는 것을 상담을 통해 발견했고, 그때마다 불편한 감정을 느껴 괴로워했지만 자존감을 높여가면서 자신의 엄마와 다른 양육 방식으로 아이를 키웠다. 스스로 그것을 인식할 수 있었고, 그게 바로 엄마와 자신의 차이점이라고 스스로 말할 수 있었다. 그녀의 엄마는 지금도 동일한 방식으로 그녀를 대하지만, 그녀는 다른 양육 방식으로 아이를 키우고 있다.

　내 자신을 구체적으로 이해하는 것만큼 상처 극복에 궁극적인 도움을 주는 것은 없다. 당신의 잘못이 아니다. 마음껏 어린 시절을 돌아보자.

아이를 충분히
사랑하지 못하는 것 같아요

애착 육아에 집착하는 전업맘

민하 엄마는 전업 주부이다. 임신과 출산 이후로도 계속 일을 하는 주위의 워킹맘이 참 멋있어 보이고 때론 부럽다. 아이들에게 사주고 싶은 것은 많은데 생활비가 넉넉하지 않아 포기해야 할 때마다 자신이 워킹맘이었다면 지금보다는 아이를 위한 소비에 인색하지 않았을 것이라는 생각까지 들었다.

그러면서도 자신은 아이를 맡기지 않고 혼자 키우고 있으니 아이의 애착만큼은 안정적으로 형성되었을 것이라고 위안을 삼았다. 주변 워킹맘들이 어린이집을 일찍 보내거나 베이비시터에게 맡겨야 하는 상황을 보면 안쓰럽기도 하면서도, 한편으론 자신이 전업맘으로 살고 있는 것이 보람으로 느껴지기도 했다.

그런데 어느 날 아이를 위한 문화센터 수업에 참여하면서, 우리 아이가 다른 아이들에 비해 엄마 껌딱지라는 점을 알게 되었다. 엄마가 잠시만 보이지 않으면 울며 애타게 찾고, 찾은 뒤에도 계속 짜증을 내며 엄마 품을 떠나려 하지 않아 수업에 참여하기 어려울 지경이었다. 민하가 왜 이럴까 하는 의문에 육아 서적을 읽다가 충격을 받았다. 엄마와 떨어지는 순간을 극도로 괴로워하는 것은, 엄마와 떨어져도 전혀 개의치 않는 것과 마찬가지로 불안정한 애착의 증거일 수 있다는 것이다. 다른 것은 몰라도 애착 형성만큼은 자신 있다고 생각했는데 전업주부의 마지막 자존심이 무너지는 것 같은 비참한 느낌이었다.

애착, 중요하지만 함부로 평가할 수는 없다

'애착에 문제가 조금 있는 것 같아요'라는 약간의 뉘앙스만 풍기는 말만 들어도 엄마들은 불안하고 죄책감이 든다. 애착 형성 시기인 만 3세까지 엄마가 집에서 아이를 돌보는 게 좋다는 말은 전업 주부들의 환영을 받고, 애착 형성은 양보다 질이라는 말은 워킹맘의 환영을 받는다. 엄마들이 애착에 얼마

나 집착하는지 최근엔 애착 형성에 좋다는 애착 인형까지도 판매하는 실정이다.

애착은 아이가 안정감을 느끼고 사회적·정서적으로 발달하는 데에 결정적 요소임에는 분명하다. 게다가 세상을 탐험할 수 있는 안정감을 제공하고, 엄마와의 애착 관계를 통해 자신이 사랑받을 만한 가치 있는 존재인지 아닌지 여기게 된다. 또 자기를 포함한 세상의 본질, 성격, 행동에 대해 형성하는 개념을 일컫는 '내적 작동 모델'을 형성해 평생 동안 지속적으로 영향을 미친다. 지속적으로 발전해가는 다양한 애착 관련 이론들을 알면 알수록 애착은 아이의 발달에서 정말 중요하다.

하지만 애착 정도는 일부의 경우를 제외하고는 결코 짧은 시간 동안 드러나지 않는다. 무엇보다 다른 사람이 함부로 평가할 수 있는 영역도 아니다.

대물림되는 애착

엄마로부터 아이에게 대물림되는 것은 참 많다. 그중 아이의 애착 형성은 부모와 어릴 적 맺은 애착의 종류대로 대물림되는 경향이 있다. 부모의 애착 유형은 '안정 애착' 부모, '무시형-불안정 애착' 부모, '집착형-불안정 애착' 부모로 나뉜다. 보통 편안하고 성격 좋은 사람이라고 여겨지는 경우는 '안정 애착' 부모일 경우가 많다. 혼자 있든 남과 같이 있든 늘 마음이 편하기에, 편안한 마음으로 아이와 함께하기도 하고 적절히 분리되기도 한다. 그렇기 때문에 아이도 적절한 애착이 형성되었을 가능성이 크다.

반대로 '불안정 애착'의 부모는 아이를 불안정 애착으로 이끌 가능성이 크다. '무시형-불안정 애착' 부모는 다른 사람과 있으면 왠지 마음이 불편해서 외로운 마음을 늘 가지고, '집착형-불안정 애착' 부모는 혼자 있으면 불안해서 관계에 집착을 한다.

특히 '집착형-불안정 애착' 부모는 언뜻 보면 아이와의 애착을 중요시하는 것처럼 보이지만 이면에는 자신의 성장 과정과 인간관계 속에서 반복되는 불안정함, 공허감 등의 감정적 결핍을 아이를 통해 채우려는 마음이 있다. 그렇기 때문에 항상 긴장한 채로 아이와의 상호작용에 집착한다. 하지만 결핍을 채울 목적으로 하는 상호작용은 안정적인 애착 형성으로 이끌지 못한다.

결핍된 엄마의 욕구가 애착에 집착하게 만든다

전업맘일수록 특히 아이의 애착 형성 여부에 집착하고, 나아가 다른 아이의 애착까지 나름대로 판단한다. 애착 형성은 엄마와 아이 관계에 있어서 기본이다. 애착이 안정적으로 형성되었으면, 본격적으로 엄마 스스로를 가꾸며 그 다음 단계인 모델링을 하기 위해 노력해야 한다. 애착 형성 자체는 궁극적인 목적이 될 수 없다.

그런데 안정적으로 애착을 형성시켜놓고도 엄마가 아이의 일거수일투족을 예민하게 바라보고 반응하는 이유는 무엇일까? 여러 이유로 어릴 적 충분히 받을 수 없었던 사랑에 대한 갈증이 심한 엄마는 자기가 받고 싶었던 사랑을 집착이라는 왜곡된 형태로 변형시켜 아이에게 쏟는다. 엄마로서 아이에게 자신의 상처를 대물림해주기 싫은 것인데, 의도와는 다르게 아이를 더 불행하게 한다. 아이가 원하는 사랑이 아니기 때문이다. 결핍된 엄마의 욕구는 아이에게 향하고 있지만 정작 엄마 자신이 인식하지 못하는 것이 가장 큰 문제이다.

애착은 성공해야 하는 목표가 아니다

우리나라는 평화상 이외 영역에서는 노벨상 수상자가 없지만, 이웃나라 일본은 과학계에서 노벨상 수상이 16명이나 나왔다. 이를 두고 국내 과학계에서도 노벨상을 타기 위해 노력해야 한다는 목소리가 나온다. 하지만 노벨상 자체가 목적이 될 수 없다. 노벨상은 한 나라의 과학계를 간접적으로 판단해볼 수 있는 증거일 뿐이다.

애착도 마찬가지이다. 애착이 안정적으로 형성되었는지 불안정하게 형성되었는지는 아이가 받아온 양육 상태를 짐작해볼 수 있는 근거가 될 뿐이다. 노벨상과 차이점이 있다면 3명의 아이 중 2명 이상은 안정적인 애착을 형성하고 있다는 점이다. 그런데도 많은 엄마들이 애착 형성 자체에 집착한다. 일정 수준 이상으로 안정적으로 형성되어 있으면 앞으로 아이가 살아가는 데에 충분한데, 굳이 최상의 애착 형성을 위해 노력하는 엄마들을 많이 본다. 애착에 별문제 없는데도 아이의 행동 하나하나를 예민하게 바라보고, 아이의 애착 형성 문제를 의심하는 엄마들이 생각보다 꽤 많다.

엄마의 안정이 애착 형성의 지름길

애착 형성을 위해 어릴 때 엄마 혼자 아이를 돌봐야 한다고 오해하지 말아야 한다. 오히려 혼자 키우지 않는 것이 바람직하다. 엄마가 스트레스를 적절히 관리하고 마음의 안정을 유지하는 것이 아이의 심리적 안정과 직결된다. 각 시기에 해줘야 할 부모의 역할이 있지만 육아는 마라톤이기 때문에 길게 봐야 한다. 기본을 했다고 안주할 일도 아니고, 기본도 못했다고 자책할 일도 아니다. 주어진 상황에서 꾸준히 길게 보고 아이에게 사랑을 줘야 한다.

안정된 환경, 충분히 좋은 엄마가 되기 위해 준비해야 할 것은 건강한 마음이고 안정된 정서이다. 아이는 엄마가 정서적으로 안정되어야 엄마와 안정적인 애착을 맺을 수 있다. 정서적인 안정이 충족된 이후에야 엄마와의 분리와 독립이 가능하다. 이것은 심리적으로 건강한 엄마에 의해 형성될 수 있다. 유독 애착에 집착하는 엄마라면 안정된 애착 형성에 집착하는 것보다는 차라리 안정된 엄마가 되기 위해 집착하는 게 낫다.

Henri Matisse, 「Nature morte au buffet vert」, 1928

아이는 잘 키운 것 같은데
삶이 공허해요

'아이'보다 '육아'에 매달리는 엄마들

며칠 전 돌잔치를 마친 주안이 엄마는 주안이를 키우며 처음으로 공허함을 느꼈다. 주안이가 태어난 지 얼마 되지 않아 돌잔치 장소를 예약한 이후로, 매일 변해가는 주안이의 모습을 하루도 빠짐없이 사진에 담아놓아야 한다는 생각에 사진을 많이 찍었다.

돌잔치 때 하객들 앞에서 주안이가 예쁘게 자란 과정을 보여주고 싶어서 웃는 모습을 보일 때마다 셔터를 눌렀다. 평일에도 주안이와 여기저기 놀러 다니며 추억이 될 만한 사진들을 남겼다.

사실 열심히 사진을 찍은 이유가 또 있었는데, 인스타에 매일 육아일기를 쓰고 있었기 때문이다. 일기를 하루라도 빼

먹으면 나중에 후회할 것 같아 아무리 힘든 날에도 꼬박꼬박 사진과 일기를 정리해서 올렸다. 아이의 신체 및 정서 발달 과정에 대해 공부하면서 아이를 키운 과정을 고스란히 정리해서 올렸더니, 이웃들이 꼼꼼하게 아이를 잘 키운다는 댓글을 달아주었고 그때마다 어깨가 으쓱해지기도 했다.

마침 주안이는 순한 아이여서 엄마의 계획대로 잘 따라줬다. 1년 동안 스스로 만족스러울 만큼 주안이를 잘 키운 것 같았고, 주변 사람들 역시 아이를 잘 키운다며 칭찬 일색이었다. 기다리던 돌잔치 날, 열심히 준비해서 보여준 돌잔치 영상을 본 하객들은 힘껏 박수를 쳐줬고, 시어머니도 손주가 자라온 모습에 감동을 받아 그동안 수고 참 많았다고, 앞으로도 주안이가 잘 자랄 것 같다며 진심으로 격려해줬다. 모든 게 완벽했다. 하지만 기쁨은 잠시뿐, 공허한 마음이 한동안 지속되었다.

육아에도 중독이 있다

"당신을 안 보면 못 살 것 같아. 숨을 못 쉬겠어"

영화 <인간 중독>에서 배우 송승헌이 한 대사이다. 이 영화는 인간을 대상으로 한 사랑 영화인데 그 대상이 사회적으로 용납되기 힘든 관계, 즉 불륜이라는 점 때문에 중독이라는 표현이 참 잘 어울린다. 이처럼 중독은 게임, 도박, 섹스, 술 등 사회적으로 부정적 느낌의 단어와 잘 어울리곤 하지만 음악, 운동, 일 등 비교적 건전한 단어와도 잘 어울린다. 그리고 '안 하면 못 살 것 같고 숨을 못 쉬는' 것은 어떠한 것에 중독이 되었든 공통적으로 느껴지는 감정이다. 신기하게도 이것은 아이를 키우는 엄마에게 적용해도 딱 들어맞는다.

"우리 아이를 안 보면 못 살 것 같아. 숨을 못 쉬겠어."

비록 주양육자로 살고 있는 조금은 특별한 아빠이긴 하지만, 나도 우리 아이들을 떠올리며 이 말을 서슴없이 할 수 있다. 이처럼 간절하고도 뭔가 휘몰아치는 감정을 아이로 인해 처음 느꼈던 날이 떠오른다. 첫째를 전담해서 키우던 시절 처음으로 어머니 댁에 아이를 재우기로 했고, 모처럼 우리 부부 단둘이 잠을 잘 기회가 생겼다. 오랜만에 단둘이 있는 시간이었기에 그동안 못 나눈 이야기꽃을 마음껏 피우거나 아이 때문에 못다 한 로맨스를 펼칠 것 같은데, 역시나 우리 둘다 아이가 잘 있을까 하는 걱정이 앞섰다. 카톡으로 아이 사진을 보내달라고 해서 받아본 것이 시작이 되어, 그동안 찍어두었던 아이 사진을 한 장 한 장 넘기며 보고 있었다. 사진을 보는 내내 가슴이 시려오고 영화 대사처럼 정확하게 '숨을 못 쉴 정도로' 보고 싶었다. 나도 모르게 눈물이 주르륵 흘러내렸다. 아빠인 내가 느끼는 감정이 이 정도인데, 배 속에서 열 달 동안 아이를 품고 낳은 엄마의 심정은 오죽했을까.

아이 없이는 견디지 못하는 육아 중독

인터넷에 출처 없이 돌아다니는 육아 중독 자가진단 테스트 문항을 보면 아빠인 나도 공감이 되는 내용이 꽤 있다. '결혼하지 않은, 또는 아이가 없는 친구랑 대화가 안 된다, 가방 속엔 화장품 대신 기저귀, 물티슈, 수유 패드가 있다, 화장실에서 일을 보고 있는데 아이 소리가 들리지 않으면 불안하다, 아이가 울지 않아도 무의식적으로 아이의 울음소리가 들린다, 아기띠를 푼 후에도 몸을 흔들고 있다' 등이다.

　여기에 내 경험으로 항목을 좀 추가하고 싶다. '쇼핑몰에 가면 유모차를 끄는 아이 엄마만 눈에 들어온다, 유모차를 끌고 아기띠까지 맨 아이 둘 엄마는 눈에 더 들어온다, 포털 사이트 기사를 볼 때 육아 관련 제목이면 자동 클릭하게 된다' 등이다.

일반적으로 중독addict의 정의는 어떤 일에 습관적 또는 강박적으로 몰입하고, 그것이 심각한 문제를 야기함에도 불구하고 이를 지속하는 것이다. 중독의 정의상 만약 아이를 키우는 일에 지나치게 몰입하고, 그것이 문제가 될 정도임에도 지속한다면 육아도 중독으로 볼 수 있다. '정신적 의존'에 해당된다.

그런데 더 큰 문제는 이것이 지나칠 경우 '정상적으로 사물을 판단할 수 없는 상태'까지 발전할 수 있다는 점이다. 아이를 돌봐야 하는 엄마가 정상적으로 판단할 수 없는 지경에 이르다니 생각만 해도 끔찍하다.

예측 가능과 예측 불가능이 공존하기에 중독된다

육아에 중독되기 쉬운 게 엄마의 삶이다. 도대체 엄마는 왜 아이를 돌보는 일에 중독이 될까?

미국 베일러의대에서 엄마들 대상으로 한 연구 결과를 보면, 자기 아이가 웃는 사진을 보기만 해도 뇌에서 도파민계 보상중추가 자극되는 현상이 나타났다. 마약 등 물질과노 관련된 보상중추는 쾌락중추라고도 하는데, 자극되면 아주 강력한 생물학적 에너지를 내서 사람이 무엇인가를 적극적으로 갈망하고, 이를 얻기 위한 행동을 하게 한다. 엄마 역할이 아무리 힘들어도 그만큼 큰 쾌락을 주기 때문에 쾌락이라는 보상에 대한 기대감이 양육 행동의 동기가 되는 것이다.

심리학적으로 보면 행동주의 학습이론에서 중요한 개념인 강화의 원리로 생각해볼 수 있다. 어떤 행동을 학습하는 초기에는 그 행동이 일어날 때마다 보상을 통해 강화를 주는 '계속적 강화'가 유리하고, 이미 학습된 행동을 유지하는 데에는 불규칙적으로 가끔씩 주는 '간헐적 강화'가 유리하다. 도박을 예로 든다면 처음에는 예측대로 되는 것 같아 그 행동에 빠져드는 것이고, 나중에는 예측대로 되지 않아 그 행동을 계속하는 것이다.

육아도 마찬가지이다. 육아 초기에는 아이가 어리기 때문에 아이는 엄마가 해주는 대로 수동적으로 자란다. 생후 3개월까지는 아이의 수면 패턴이 불규칙해서 체력적으로 힘들긴 하지만, 엄마와 자신을 하나의 개체로 인식할 만큼 신체적으로 잘 돌보는 것에 주력하면 된다. 힘들어도 키우는 대로 잘 자라는 것 같아서 재미도 있고 어느 정도 할 만하다.

하지만 서서히 육아에 빠져드는 동안 아이는 신체적, 특히 정신적으로 발달하면서 예측 불가능해진다. 엄마가 복잡한 감정의 소용돌이를 경험하는 순간도 예측 불가능하지만, 아이로부터 한없는 기쁨을 누리는 순간 역시 예측 불가능하다. 예측하지 못할 때에 오는 쾌락과 기쁨은 그 힘이 꽤 강력하다.

아이를 키우는 일이란 이런 식으로 '간헐적 강화'가 되어 가는 과정이기에, 힘들다 힘들다 하면서도 언제 올지 모르는 잠시의 기쁨을 맛보기 위해 오히려 더 육아에 매달리는 것이다. 더욱이 도박 중독처럼 마지막 '한 방'이면 지금까지의 모든 고통을 쾌락으로 바꿀 수 있다는 식의 아이 미래에 대한 기대 심리까지 더해져 더욱 중독된다.

결핍에 대한 보상 심리가 중독으로 나타난다

어떠한 중독이든 '당신은 지금 중독이 되어 있으니 그 행위를 멈추세요'라고 직면시키는 것은 부작용만 있을 뿐 아무런 효과가 없다. 중독 자체로 접근하는 것보다는 중독의 원인이 되는 이면의 문제로 접근하는 것이 효과적이다. 그 이면에는 다양한 심리적 동기가 숨어 있기 마련이지만, 보통은 새로운 자극에 대한 결핍 때문에 중독되는 경우가 많다.

인간의 뇌는 새로운 자극 없이 무료한 것을 단순히 지루하다고 받아들이지 않고 그것 자체를 스트레스로 받아들인다. 그래서 운전을 할 때에 운전만 하지 않고 음악을 틀거나 간식을 먹거나 심지어 틈틈이 스마트폰을 만지작거리는 것이다. 반복되는 일상으로 인해 점점 심각한 매너리즘에 빠지고, 새로운 자극에 대한 결핍이 지속되다보면 알코올로 이를 보상하기도 한다. 아니면 매일 새로운 자극을 주는 게임, 도박 등으로 보상하기도 한다.

엄마로 살면서 인정받을 수 있는 유일한 무기, 육아

어떠한 이유에서든 심리적 결핍을 느끼면 그것은 무엇인가에 대한 중독으로 이어진다. 일단 아이가 태어나기 전까지는 본능적인 유아기적 의존 욕구를 남편으로부터 충분히 채우지만, 아이가 태어나면 진짜 유아기적 의존 욕구로 충만한 아이를 돌보느라 서로 그만큼 의존 욕구의 결핍을 느낀다.

이때 아빠는 사회생활을 유지하며 인간관계를 통해 어느 정도 의존 욕구를 극복할 수 있지만, 특히 전업 엄마들은 그럴 기회도 여건도 허락되지 않는다. 그래서인지 뼈가 시리도록 외롭고, 바빠서 외로워 보이지 않는 남편을 보면 얄밉기까지 하다. 단순히 사회적 관계에서 해결되는 외로움이 아니라, 누군가에게 인정받던 그 느낌이 한없이 그리워진다.

이때 아이를 키우는 사람이 가장 인정받는 방법은 아이를 잘 키운다는 평가를 받는 일이다. 주변 사람들에게는 아이를 잘 키웠다고 인정받을 때에만 자신의 존재 이유와 가치를 느낀다. 이것이 반복되다보면 그것만이 다른 사람으로부터 인정받는 유일한 방법이라고 여긴다.

하지만 아이를 키우는 일로부터 결핍에 대한 보상을 추구하다보면, 육아에 있어서 필연적일 수밖에 없는 작은 실수 하나라도 용납하지 못한다. 항상 긴장 상태에 놓인 채 육아에 쫓기는 것이다.

혼자 육아를 감당하면서 스스로 육아에 아주 중요한 사람이라는 걸 입증하려는 노력을 끊임없이 한다. 이러한 육아 중독을 스스로 깨닫기 힘든 이유, 우연히 깨닫더라도 스스로의 힘으로는 빠져나오기 어려운 중요한 이유가 있다. 다른 중독은 주변의 시선이 곱지 않지만, 육아 중독은 오히려 훌륭한 엄마라고 칭찬까지 해주기 때문이다. 그런 점이 육아 중독을 강화시킨다.

아이를 24시간 사랑하지 않아도 괜찮다

비록 아빠이지만 아이를 직접 키워보니 아이를 키우는 엄마들의 심리적 결핍을 느낄 수 있었다. 그리고 주양육자로서의 삶을 사는 나도 육아 중독에서 완전히 자유롭지는 않다. 어찌 보면 완전히 자유로운 것 자체가 이상할 수도 있겠다. 발랑 드러누워 있는 고양이 사진에 적힌 글이 이슈가 된 적이 있는데 거기엔 이렇게 쓰여 있었다.

"아무것도 안 하고 싶다.

이미 아무것도 안 하고 있지만

더 격렬하고 적극적으로 아무것도 안 하고 싶다"

육아를 하는 모든 이들의 마음이 아닌가 싶다. 아이가 잠을 잘 때나 누군가에게 맡긴 잠깐의 시간에 격렬하게 적극적으로 쉬고 싶다. 하지만 몸은 쉬고 있더라도 마음만은 쉬지 못하고 끊임없이 아이를 키우는 일에 대해 생각한다. 그만큼 육아란 참 매력적인 일이고, 그것에 빠져 있다는 것 자체도 비난받을 일은 아니다.

그러나 무엇이든 깊이 빠져 있으면 멀리 보지 못한다. 제대로 된 방향을 가지기도 힘들고 순간순간 판단력도 흐려질 수 있다. 나의 역량을 소진하면서까지 이 패턴을 지속해야만 한다는 슈퍼우먼의 유혹을 버려야 한다.

그러기 위해서는 육아도 결국 일이라는 마인드를 분명히 해야 한다. 어떤 일이든 하루 종일 일에만 매진하면 오히려 효율이 떨어진다. 더구나 그 일이 단기간의 일이 아니라 장기전일 경우에는 더욱 그렇다. 일부러라도 종종 육아라는 일로부터 나의 몸과 마음을 분리시켜야 한다. 아이를 24시간 사랑하지 않아도 된다. 아이러니하게도 그것이 아이를 더 사랑하는 방법이다.

엄마가 되고 나이 때문에
스트레스 받아요

나이 어린 엄마로 산다는 것

수영 씨는 20대 초반에 결혼했다. 결혼 생활은 만족스러웠고 임신 출산도 수월했다. 남편과의 관계도 좋고 아이도 참 예쁘다. 그런데 예상하지 못했던 부분에서 어려움이 반복되고 있다.

산후조리원 모임에서도, 문화센터 모임에서도, 어린이집 모임에서도 수영 씨는 늘 막내였다. 초반엔 어린 자신을 부러워하는 엄마들이 많았지만 결국은 어리다고 은근히 무시받는 느낌을 받았다. 가치관이 다른 문제조차 어려서 아직 세상 물정을 모른다는 식으로 치부하는 듯했다. 그러다보니 점점 말을 줄이게 되었다. 모임이 잡힐 때마다 장소를 예약하고 정산하는 일을 수영 씨가 하게 됐다. 어느덧 아이가 유치원에 입학했고, 또 엄마들 모임이 생길 텐데 벌써부터 부담이 된다. 이런 고민을 맘 터놓고 나눌 사람이 있으면 좋겠는데 친한 친구들은 모두 미혼이라 공감은커녕 이해시키기조차 어렵다. 오히려 얽매이지 않고 싱글의 자유를 누리는, 특히 인간관계에서 자유로운 친구들이 부러워 마음이 더 복잡해진다. 이럴 줄 알았으면 남들 결혼할 때 결혼할 걸 하는 후회가 된다.

나이 많은 엄마로 산다는 것

현경 씨는 30대 후반에 결혼했다. 결혼과 출산보다는 커리어를 쌓고 싶어 열심히 20대와 30대를 공부하고 일하며 보냈고 목표도 이루었다. 그 무렵 좋은 사람을 만나 결혼도 했다. 임신 기간부터 추가 산전 검사를 받느라 불안했고 출산 후에는 무엇보다 체력적으로 힘들었다. 다행히 아이는 건강하게 잘 자라주었고 남편도 육아와 가사 늘 함께해줘서 늘 고마웠다. 그런데 아이가 어린이집에 다니면서 예상치 못했던 어려움이 찾아왔다.

어린이집 같은 반 엄마들과 모임을 하게 되면서, 서로 나이도 알게 되었는데 현경 씨 나이가 가장 많았다. 그 사실을 알게 된 후로 앤지 위축되었고, 모임에 나갈 때면 화장이며 옷차림까지 세심하게 신경 쓰게 되었다. 처음엔 다른 엄마들이 언니라고 불러주는 게 나쁘지 않았고, 선배가 된 것처럼 괜히 으쓱한 마음도 들었다. 하지만 대화중에 은근히 벽이 느껴지는 경우가 점점 늘어났다. 아이를 케어하는 건 체력적으로 늘 부담스러워 남편 없이 외출을 하는 경우가 거의 없었는데, 다른 엄마들은 아이와 여기저기 다니기도 하고 심지어 단둘이 여행도 다닌다는 것을 알게 되었다.

이후 모임을 갈 때마다 위축되어 말이 줄기 시작했다. 한 번은 아이가 아파서 어린이집에 보내지 않던 주간이었는데, 나만 빼고 엄마들이 모임을 가졌다는 것을 알았다. 그럴 수도 있겠다 싶었지만, 혹시나 나이 많은 내가 불편해서 내 의견조차 묻지 않은 건 아닌가 하는 생각이 들었다.

나이 때문에 생기는 관계의 어려움

엄마가 되고 아이를 키우다 보면 동갑 아이를 둔 엄마들과 커뮤니티가 계속 형성된다. 아이의 나이가 같으니 아이의 친목을 위해서도 정보 교류를 위해서도 좋은 점이 많다. 하지만 아이 나이가 같다고 엄마 나이도 같지 않은 게 함정이다. 아이들은 동갑이지만 엄마는 띠동갑 이상 나이 차이가 나는 경우도 있다. 아이를 키우는 엄마의 역할 자체는 나이와 관계없지만, 나이가 어리거나 많은 엄마들은 엄마들 사이에서 어려움을 겪는 경우가 많다.

일반적으로 나이 어린 엄마들은 경제적인 안정성은 다소 떨어지지만, 신체적으로 우위에 있고 감정적으로는 좀 더 불안정하다. 젊은 남편이 육아 및 가사 분담에 적극적이지만 부부관계는 다소 불안정하다.

반면 나이 많은 엄마들은 경제적·감정적 안정성은 더 있어도 체력적으로 부담이 많다. 부부관계는 상대적으로 안정적이지만 남편 나이가 있는 경우엔 육아 및 가사 분담에 적극적이지 않은 편이다. 평균 연령대 엄마들은 모든 것이 중간 정도의 어려움이 있다.

나이에 따라 가치관도 다르고 경험에 의한 공감대도 달라, 맘카페를 살펴보면 비슷한 연령대끼리 만든 게시판이 따로 있는 경우도 많다. 이런 일반적인 현상 이외에도 엄마들과의 관계에서 오는 어려움이 있다. 각자 자란 환경과 경험에 따라 그 어려움은 다르다. 나이 어린 엄마들은 엄마들과의 관계에서 학창시절 선배와의 관계를 재경험하기도 하고, 친언니와의 오래된 갈등이 연상되는 경험도 한다. 사실 압박이 있는 것도 아닌데 스스로 위축되어 잡일을 도맡아 해야 몸은 불편해도 마음이 편하다. 그러면서도 자기만 호구가 된 것 같아 억울하기도 하다. 반면 나이 많은 엄마들은 첫 만남에서부터 외모를 스스로 비교하며 위축된다. 관계가 점점 깊어지더라도 혹시 내가 나이가 많다고 불편해하진 않을까 하는 생각에 위축된다. 나보다 더 나이 많은 남편 공개도 꺼려져 부부 동반 모임을 피하기도 한다.

보통 심리적 갈등을 해결하기 위해 회피라는 방어기제를 사용한다. 엄마들과의 관계에서 나이 때문에 느껴지는 스트레스가 커지면 점점 모임을 피하게 된다. 회피하는 자신을 발견하게 될 때 스스로를 비난할 필요는 없다. 그만큼 심리적으로 힘들었다고 우선 스스로 위로해줘야 한다. 회피를 단순한 의지 문제로 치부하면 곤란하다. 피하지 말고 부딪히자는 식으로는 근본적인 해결이 어렵다. 정면 돌파하다가 더 큰 상처를 입고 더 회피하는 경우도 있다.

나이로 인한 스트레스 때문에 엄마들과의 관계가 어렵다는 것을 인식하면 그렇지 않은 경우와 비교하기 쉽다. 그럴수록 내 처지는 더 힘들고 남의 떡이 더 커 보이기도 한다. 자기 상황을 부정적으로 보고 지난 선택을 후회하면 후회할수록 엄마로서의 삶은 더 힘들어진다. 나이에 집착하느라 더 힘들어지는 악순환이 반복되는 것이다.

나이와 관련한 심리적 갈등을 되돌아보자

이럴 땐 오래전 기억을 떠올려 보는 게 도움된다. 가족 내에서 나이로 인한 심리적 갈등은 없었는지 돌아보자. 예를 들어 맏언니로서 늘 부담감이 있진 않았는지, 막내로서 늘 억울함이 있진 않았는지, 학창 시절 선후배 관계에서 동기들에 비해 선배 대하는 게 특히 어렵고 불편하진 않았는지 말이다.

나이가 문제가 아니라 나이에 대한 내 스스로의 인식이 더 근본적인 문제의 원인이다. 이것만 알아도 관계에서의 감정적인 갈등이 자연스럽게 줄어든다.

엄마로 살다보면 누구나 감정적으로 예민해진다. 인간관계에서 특히 더 민감해진다. 관계로 인한 심리적 갈등이 다시 부각되는 경우가 많기 때문이다. 예상하지 못했기에 더 힘들고 어렵게만 느껴지는 경험이다.

하지만 앞으로도 엄마들과의 관계는 계속 생길 수밖에

없다는 걸 염두에 둔다면 오랫동안 덮어두었던, 관계로 인한 심리직 갈등부터 되돌아보는 것이 현명하다. 전혀 의식하지 못했던 나의 심리적 갈등 경험을 아주 약간만 들여다보아도, 지금의 관계가 드라마틱하게 편해지는 경험을 하게 된다.

"엄마들과의 관계에서

나이 때문에 느껴지는 스트레스가 커지면

점점 모임을 피하게 된다.

회피하는 자신을 발견하게 될 때

스스로를 비난할 필요는 없다.

그만큼 심리적으로 힘들었다고

우선 스스로 위로해줘야 한다."

Henri Matisse, 「Interior with Etruscan Vase」, 1940

아이 문제가 모두
내 탓인 것 같아요

아이 기질 때문에 스트레스에 시달리는 엄마

네 살 여자 아이를 키우는 수진이 엄마는 요즘 짜증이 극에 달했다. 너무 힘들어서 아이를 베란다에 던져버리고 싶다고 말하던 친구의 이야기가 자신의 이야기가 될 줄은 몰랐다. 신생아 때부터 다른 아이보다 잘 자고 잘 먹고 무럭무럭 자랐기 때문에 육아가 남들처럼 그렇게 힘들지 않았다. 교만했던 탓일까? 아이가 돌이 지나고 두 돌이 다가오는 시점부터 성격이 완전히 바뀌어버렸다.

자기 고집대로 되지 않으면 그 자리에 누워서 소리 지르며 우는 행동을 자그마치 한 시간 동안 지속하곤 했다. 밥은 먹지 않고 과자나 주스만 달라고 떼를 쓰는가 하면 밤에 자다가도 자주 징징대곤 했다. 귀도 예민한 건지 자동차 소리만

나면 정색을 하며 안아달라고 울곤 했다.

　얼마 전 아이를 키우는 친구들과 키즈카페에서 오랜만에 모였는데, 다른 또래 아이들처럼 여기저기 다니며 놀지 못하고 같이 놀자고 떼를 써서 모처럼 만들어진 자리에서 아이만 졸졸 따라다녀야만 했다. 그 모습을 본 한 친구가 수진이가 다른 아이들과 좀 다른 것 같다며 전문가를 한번 찾아가 보는 게 어떠냐는 식으로 말해 화가 치밀어 올랐다. 동시에 순한 기질로 태어난 아이를 내가 잘못 키워서 까다롭고 예민한 아이로 만들었나 싶어 죄책감까지 들었다.

기질과 양육 방식 사이

육아 상담을 할 때 아이의 불안정한 행동이 기질 때문인지 양육 방식 때문인지 가장 많이 물어보신다. 사실 이런 질문을 하는 엄마들은 그나마 아이와 관련된 문제를 객관적으로 바라보려고 시도한다는 점에서 이미 훌륭한 엄마일 가능성이 높다. 소위 육아 전문가들에 의해 아이에게 문제가 있으면 그것은 부모 탓이라는 통념이 확산되어 있기 때문이다. 그런데 이 문제는 명확하게 구분하는 것 자체가 불가능하다.

기질은 개인의 행동 특성을 결정하는 기본 행동양식 중에서 생후 초기부터 나타나는 개인차를 일컫는다. 쉽게 말해 타고난 것이기 때문에 '왜 이렇게 행동하느냐'가 아니라 그저 '어떻게 행동하느냐'만 말할 수 있다. 여러 가지 환경에 대해 예측된 방식으로 반응하는 개인의 어떤 성향이 기질이기 때문에, 성격 형성 및 정서적·행동적 특성에 영향을 미치는 것은 맞다. 최근 아동발달 및 유전학 분야에서는 아이들의 행동 방식의 절반은 부모의 양육 방식 및 양육 환경보다 DNA의 지시와 더 관련 있다는 사실을 발견했다. 그렇다면 기질적인 부분은 타고나서 어쩔 수 없으니 그냥 받아들여야 할까?

아이의 기질이 엄마의 양육 방식에 영향을 줄까?

기질의 영향이 어느 정도를 차지하든 사실 그리 중요하진 않다. 그렇다고 체념하듯 담담히 받아들이는 것으로 그치는 것도 아이를 키우는 데는 별 도움이 되지 않는다.

가장 중요한 것은 아이의 기질이 엄마 된 나의 양육 태도에 미치는 영향을 충분히 인식하는 것이다. 행동유전학자들이 '부모 자녀 효과'라고 부르는 개념이 이를 뒷받침한다. 한 예로, 공격적인 기질을 타고난 아이의 엄마는 역시 아이에게 공격적으로 반응할 가능성이 훨씬 높다. 또한 활동성이 높은 기질의 아이는 언제나 에너지가 넘쳐서 엄마의 몸과 마음을 지치게 할 가능성이 더 높다. 까다로운 기질로 타고난 아이가 끊임없이 울 때에 엄마는 화를 내면서 동시에 스트레스를 경험한다. 그렇게 되면 엄마는 아이의 행동을 수용하기보다는 제한하고, 아이는 위축되거나 반대로 거부하는 행동을 한다. 이러한 엄마와 아이의 상호적 패턴이 자주 반복되면서 아이를 통제하기가 어려워지면, 엄마는 심리적 갈등을 자주 느끼고 양육 스트레스를 경험하는 것이다.

아이가 까다로우면 엄마도 까다로워진다

대표적인 기질 관련 연구를 보면 기질을 파악할 때 활동 수준, 규칙성, 접근-회피성, 적응성, 반응성, 반응 강도, 기분 상태, 주의 전환성, 집중력과 지속성 등 9가지 하위 범주로 나눈다. 이 중 불규칙성, 잦은 부정적 정서, 낮은 적응성, 새로운 자극에 대한 강렬하면서 회피적인 반응을 보이는 것을 까다로운 기질이라고 한다.

까다로운 기질을 타고나는 아이는 10명 중 1명꼴이다. 이러한 기질을 타고난 아이들은 행동 문제가 많고 불안이나 공격성 같은 행동 문제를 일으킬 위험이 있다. 그렇기 때문에 까다로운 기질을 타고난 아이의 엄마는 아이의 요구에 덜 반응하거나 부정적인 반응을 하며, 더 통제하고 아이와 상호작용하는 시간 자체도 적다는 연구 결과들이 있다. 그렇게 되면 아이는 애정적인 양육을 적게 받고 애착이나 정서 발달에 좋지 않은 영향을 받을 수밖에 없는 악순환에 빠진다. 더구나 이러한 까다로운 기질은 성인기까지 지속될 수 있다는 연구 결과도 있다.

이와는 반대로 까다로운 기질의 아이 엄마가 더 애정적이고 열중해서 아이를 돌본다는 연구 결과도 있다. 하지만 부정적인 상황을 더 열정적인 에너지로 극복하기엔 그저 평범한 엄마로 살기에도 참 버거운 엄마로선 쉬운 일이 아니다.

엄마 탓 하지 말자

이렇듯 아이가 까다로운 기질을 타고나면 이상적인 양육 행동을 하기가 힘들다. 그러므로 아이의 기질로 인한 현상을 잘

못된 양육 방식의 결과로 오해하지 말아야 한다. 한마디로 말하자면 괜히 엄마 탓 하지 말아야 한다. 물론 가끔 만나는 주위 사람들의 평가를 들으면 때론 자신의 잘못으로 여길 것이다. 특히 시어머니나 친정엄마의 부정적인 한마디는 가슴을 후벼 파기까지 한다. 그러한 죄책감은 그 사람에 대한 분노로까지 이어져 관계까지 어렵게 만들기도 하니 그야말로 총체적 난국이다. 이럴 때엔 한 귀로 듣고 두 귀로 흘려보내는 센스가 필요하다.

당신을 힘들게 한 그 아이가 잘 자고 잘 먹으며 혼자서도 잘 노는 순한 아이로 태어났다면, 지금보다 아이를 훨씬 더 안정된 마음으로 잘 키웠을 수도 있다. 하지만 그만큼 엄마인 당신은 아이에게 덜 신경 썼을 것이고 아이의 입장에서 한 번 더 생각해볼 일이 없어 오히려 아이의 요구에 민감하게 대응하지 못했을지도 모른다. 영국의 소아과의사이자 정신분석학자인 위니콧은 순한 아이가 부모 입장에서는 키우기 수월하지만 아이 입장에서는 비극적인 인생의 출발이 될 여지가 있다고 말했다.

기질과 양육 방식을 제외하더라도 아이의 행동에 영향을 미치는 요인들이 참 많다. 아빠, 어린이집 선생님, 아이 돌보는 분, 친정엄마, 시어머니 등 아이와 함께하는 정도에 따라 다르지만 영향을 미친다. 엄마로 살다보면 모든 것이 내 탓처럼 여겨질 때가 참 많다. 그럴 때에는 쿨하게 때론 뻔뻔하게 내 탓과 남 탓을 융통성 있게 구분하자. 어찌 보면 그것은 엄마로 살아가는 가장 중요한 능력이다.

아이 일로 힘들 때마다
남편한테 화가 나요

아이 문제로 남편에게 화가 나는 엄마들

이제 3살이 된 민석이는 무슨 영문인지 최근 밤에 자주 깼다. 낮 동안 활동량도 많고 떼쓰는 일이 반복되어도 밤에는 푹 잘 자서 그나마 충전할 수 있었는데, 최근에는 밤에도 충전이 되지 못해 피로가 쌓여 민석이 엄마는 하루하루 지날수록 예민해지는 자신을 발견했다.

너무 힘들어서 하루는 남편에게 밤에 민석이가 깨서 울면 좀 달래서 재워달라고 부탁을 하고 잠이 들었다. 그러나 남편은 민석이의 울음에도 아랑곳하지 않고 숙면을 취했다. 남편의 허벅지를 힘껏 꼬집었지만 꼼짝도 하지 않아 결국 민석이를 달래는 건 엄마인 자신의 몫이 되고 만다.

아침에 일어나서는 태연하게 민석이가 잘만 자던데 왜

자주 깨냐고 하는 남편의 한마디에 민석이 엄마는 인내심을 잃고 폭발해버렸다. 민석이 울음소리가 들리지 않았다는 남편의 말이 새빨간 거짓말로 들리는 것은 물론, 그동안 쌓였던 분노까지 다 분출해버렸다. 남편은 언제 시킨 일 안 한 적 있냐고 맞받아치며 화가 난 채 출근을 해버렸다. 이처럼 아이 관련 일로 민석이네는 최근 부부싸움을 자주 한다. 큰 문제가 없는데도 아이로 인해 사소한 일이 쉽게 부부싸움으로 번지는 일이 많아졌다.

아이가 태어나면 어떤 부부든 위기가 온다

대부분 엄마들로 구성된 인스타 친구 피드를 보다보면 신혼 시절에 부부가 여행 갔던 사진을 올리고 그땐 참 좋았다고 회상하는 글을 종종 본다. 실제로 132쌍의 부부를 분석한 연구 결과, 90퍼센트가 첫 아기가 태어난 뒤로 결혼생활의 만족도가 감소하는 경험을 했다고 한다.

　또한 자식과 결혼생활 사이의 관련성을 다룬 100개의 연구를 분석한 연구에서는 갓난아기를 돌보는 여성 중 38퍼센트만이 결혼생활에서 평균보다 높은 만족도를 느끼는 반면,

아이가 없는 여성들의 결혼생활 만족도는 62퍼센드나 되었다. 굳이 연구 결과를 보지 않더라도 주변 사람 중에 자녀가 있는 부부와 없는 부부를 떠올려보면 이 결과를 부정하기는 어려울 것 같다. 나도 아이가 태어나기 전까지의 부부생활과 지금의 부부생활을 비교해보면 결혼 만족도, 특히 부부간의 만족도 측면에서 보면 솔직히 아이가 없던 시절이 높다. 그렇다면 아이로 인한 기쁨은 부부간의 행복 측면에서 별 영향을 미치지 못할까?

결혼을 하지 않은 사람들은 결혼에 대한 기대감을 가지는 한편 두려움도 가진다. 연애할 때에는 서로만 좋아하면 그것으로 충분했지만 결혼을 생각하면 양가 부모, 거처 등 신경 쓸 일이 많이 생긴다는 결혼 선배들의 넋두리를 워낙 많이 들어왔기 때문이다. 결혼 준비기간과 결혼 후 적응 기간엔 연애 시절만큼은 아니어도 부부가 어느 정도 연애의 연장선으로 행복감을 느낀다. 하지만 결코 연애의 연장으로 보기 어려운 종착점이 있는데, 바로 아이 출산 이후이다.

사람은 누군가를 의존하면서 유대감을 느끼는 성향, 즉 유아기적 의존 욕구를 가지고 있다. 연애 시절에도 결혼 후에도 이러한 의존 욕구를 서로 채워주며 끈끈한 유대감과 행복감을 느낀다. 이것이 불꽃 튀는 연애의 원동력인데, 아이가 태어난 순간 부부관계에 지각변동이 일어나는 것이다. 진짜 '유아기적 의존 욕구'를 채움 받아야 할 진짜 '유아'가 태어났기 때문이다. 자연스럽게 부부관계도 새롭게 변화할 수밖에 없다.

아이를 키우다보면 편의성과 효율성을 따지게 된다

요즘 커피 전문점은 한 건물에만 몇 개씩 들어설 정도로 많다. 그런데 다른 유명 커피 전문점에는 다 있음에도 유독 스타벅스에만 없는 게 있다. 그것은 바로 진동벨인데, 커피를 팔지 않고 커피 문화를 팔겠다는 스타벅스 CEO인 하워드 슐츠의 경영 철학 때문이다. 편의성이나 효율성 측면에서만 보면 고객이 커피를 주문하고 자리에 앉아 자기 일을 하다가 진동벨이 울린 뒤 커피를 받아오는 것이 훨씬 합리적이다. 그래서 대부분의 커피 전문점에서 진동벨을 사용한다.

하지만 고객의 편의성이나 효율성만을 따지다보면 그만큼 고객과 자연스러운 소통의 기회는 줄어든다. 직원과 눈 마주침을 할 기회도 없고, 자신이 선택하지 않은 다른 메뉴에 관심을 가질 기회조차 없어지므로 장기적으로는 매출에 영향을 미칠 수밖에 없다.

아이를 기우다보면 편의성과 효율성을 우선시하기가 쉽다. 누구에게나 시간은 하루 24시간이고 아이와 함께하다보면 체감시간은 더욱 짧다. 아이가 없을 때에는 부부가 서로 바라보며 온전히 집중해서 대화를 할 수 있고, 그만큼 오해의 소지가 적을 수밖에 없다. 한마디로 말해 개떡처럼 말해도 찰떡처럼 알아듣는 것이다.

그런데 아이가 생긴 이후에 한 사람은 아이에게 계속 신경을 써야 하니 주의가 분산된다. 눈으로는 아이를 보며 배우자에게 말을 걸기도 하고, 충분히 부연설명을 하지 않고 최대한 짧게 간단한 의사소통만 하는 경우도 점차 많아진다. 어찌 보면 아이도 돌보면서 부부간에 대화도 나누는, 한 번에 두 가지 일을 하는 효율적인 행동인 것 같아 보인다. 하지만 이런 소통이 반복되다보면 사소한 오해들이 쌓이고, 몸과 마음이 지친 상태에서 부부간 불화의 기폭제가 된다.

둘째가 태어나면 대화가 더 힘들다

둘째가 태어나면 부부가 더욱 합심해야 할 시기에 오히려 관계가 급격히 무너지는 경우가 많다. 둘째가 태어난 것을 계기로 아빠가 첫째를 주로 담당하며 자연스럽게 육아를 분담하기도 하는데, 각자 담당한 아이를 돌보느라 부부가 집중해서 대화하기가 어려워진다. 각자 아이를 돌보며 지나가는 말로 대화를 한 것이 심리적, 신체적 부담감에 의해 촉발될 때에는 다툼으로 이어지기 일쑤이다.

아이가 없을 때에는 다툼을 해도 바로 대화로 해결 가능했지만, 아이가 생기고 특히 둘 이상 되면 부부가 화해하기 위해 둘만의 대화 시간을 가지기는 쉽지가 않다. 한 아이가 자다 깨면 다른 아이까지 덩달아 깨는 것을 방지하기 위해, 각자 다른 방에서 담당한 아이를 데리고 잠을 자기도 한다. 그러다보면 각자 방에 누워 편의성을 추구하는 카톡 대화를 하기도 하지만, 문제는 그것이 또 다른 오해의 불씨가 되기도 한다는 점이다.

감정적으로 힘들면 행동을 부정적으로 인식한다

'말하지 않아도 알아요 그냥 바라보면, 마음속에 있다는 걸'

꽤 오랫동안 사랑받았기에 많은 사람들의 뇌리에 박혀 있는 초코파이 CF 노래 가사이다. 그런데 이 가사가 절대로 적용되지 않아야 하는 영역이 있는데 바로 부부관계에서이다. 사이가 좋은 부부일수록, 오랫동안 함께 살아온 부부일수록 상대방의 마음을 꿰뚫고 있다는 과도한 자신감은 오히려 독이 된다.

몇 년을 함께 살았기 때문에 굳이 말하지 않고 표정만 보아도 상대방의 마음을 잘 알고 있다고 생각한다. 하지만 상대방의 불순한 의도에 대해 확신을 가지고 시작한 부부싸움은, 나중에 대화를 나눠보면 상대방의 마음을 완전히 잘못 짚었음을 알게 된다. '분명히 내가 볼 때에는 그러한 의미의 표정이었는데? 혹시 거짓말을 하는 것은 아닐까?'라는 생각에 상대방의 답변을 인정하기 어려워한다. 그토록 오랫동안 상대방을 경험해왔는데 여전히 상대방의 의도를 잘못 짚게 되는 것이다.

우리가 상대방의 표정을 보고 그 사람의 마음을 예측하는 것은, 사실 상대방의 표정이 아닌 그 상황에서의 내 표정을 바탕으로 한다. 살아온 오랜 기간 동안 특정 상황에서 자신이 주로 짓는 표정을 바탕으로 상대방의 표정을 보며 판단하는 것이다. 게다가 사람은 누구나 감정적으로 힘들어지면 상대방의 행동을 부정적으로 인식하게 된다.

지칠수록 부부만의 대화 시간을 습관화하자

'급할수록 돌아가라'라는 말이 있는데 부부관계에 있어서도 그대로 적용된다. 부부관계가 각자의 삶의 질에 미치는 영향이 매우 크므로 문제의 소지가 있을 때엔 급한 사안이다. 더구나 아이를 키우는 부모인 경우에는 늘 마음이 급하기 때문에 여유를 가지기가 쉽지 않다. 하지만 그럴 때일수록 편의성과 효율성을 따지기보다는 상대방의 생각을 구체적으로 알려고 노력하고 정확한 의사소통을 해야 한다.

그러기 위해서는 아이를 키우느라 아무리 정신이 없고 여유가 없을지라도 둘만의 대화 시간을 습관화해야 한다. 아이를 재운 뒤나 아이가 일어나기 전 새벽, 부부가 대화하는 시간을 짧게라도 가지는 것을 루틴한 일과로 정하자. 한 달에 한두 번이라도 둘만의 데이트 시간을 정해놓는 것도 좋은 방법이다.

그런 시간을 통해 마음의 여유가 없어 상대방의 말에 집중하지 못했고, 불필요한 말이라 생각해 하고 싶었던 말도 하

지 않았음을 발견하게 된다. 온전히 집중한 상태에서의 소통
온 부부관계를 견고하게 하고, 육아에 지친 삶에 새로운 활력
을 불어넣어준다. 아이에게까지 좋은 영향을 미치게 되는 등
수많은 유익이 있다.

아이를 잘 키우기 위해서 부부관계를 좋게 해야 하는 것
이 아니다. 사실 아이를 어느 정도 키우고 나면 부부관계만
남는다. 아이 키우느라 가장 중요한 인생의 동반자를 소홀히
여기지 말자.

"편의성과 효율성을 따지기보다는

상대방의 생각을 구체적으로 알려고 노력하고

정확한 의사소통을 해야 한다."

Henri Matisse, 「Conversation」, 1908~1912

점점 남편하고
관계가 나빠져서 힘들어요

육아는 여자 몫이라고 생각하는 남편 때문에

두 살 여자아이를 키우는 정은 엄마는 만날 야근에 주말도 없이 일하는 남편 때문에 불만이 쌓이다못해 폭발하기 일보직전이다. 어쩌다 집에 일찍 들어온 날엔 텔레비전과 소파와 하나가 되어 꼼짝도 하지 않고 누워 있는 남편에게 욕지거리까지 하고 싶었다. 다른 남편들은 조금씩 집안일도 도와주고 애들도 봐주고 한다던데, 못해도 노력이라도 한다던데 우리 집 남편만 무대뽀인 것 같아 속상하고 화병이 날 정도다. 그녀는 남편이 다른 집 아빠들과 비교되고 육아엔 관심조차 없자 남편이 남자도, 아빠도 아닌 낯선 사람으로 보이기까지 했다. 그런 자신의 처지를 비관하면서 더 큰 우울감에 휩싸여 상담을 요청했다.

육아 가치관은 서로 다를 수 있다

아이를 성공적으로 키우기 위한 필수 조건 3가지는 할아버지의 경제력, 엄마의 정보력, 그리고 아빠의 무관심이라는 이야기가 한동안 유행했었다. 사공이 많으면 배가 사공으로 간다는 속담처럼 부부가 육아 및 교육에 대해 같은 마음을 품지 못해 아이를 혼란스럽게 하느니 한쪽이 맡는 게 낫다는 뜻으로 생각하면 어느 정도 일리 있다.

하지만 부부는 원래 성격이 다르다. 좀 더 정확히 말하면 인지했든 인지하지 못했든 성격이 다른 사람을 배우자로 선택한다. 성격이 달랐기 때문에 서로 부족한 부분을 채워주며 조화를 이루기 위한 무의식이 작동하여, 연애할 때와는 전혀 다른, 또 성격이 전혀 다른 '엉뚱한' 사람을 배우자로 택하는 것이다. 하지만 부부로 살다보면 '신비함'은 사라지고 '신기함'만 남는다.

부부의 가치관이 서로 같지 않은 것은 당연할 뿐 아니라, 아이에게 치우치지 않은 균형감을 제공해줄 수 있다는 장점이 있다. 그러므로 아빠의 무관심을 극찬하는 속설은 아빠가 무관심한 상황을 합리화하는 말에 더 가깝다. 나도 아빠이고 많은 아빠들을 만나봤지만 아빠는 결코 아이에 대해 무관심하지 않다.

아빠인 그는 남편이기 전에 남자다

무관심한 아빠는 없지만 무관심해 보이는 아빠는 꽤 많다. 요즘 들어 다른 아이와 비교해 유별나 보이는 아이의 행동 문제로 고민하고 또 고민하다가 남편에게 슬쩍 이야기해보면, 애들 다 그렇게 큰다는 한마디로 엄마가 고민했던 시간을 한번에 무의미한 시간으로 만들어버린다. 그렇다면 엄마가 보기에 왜 아빠는 무관심해 보일까? 남편을 이해할 때 남편이기 전에 남자라는 관점에서 바라보자.

요즘은 카페에 가도 남자 둘이 만나서 대화를 나누는 경우를 자주 본다. 그런데 멀리서 그들을 바라보면 도대체 어떤 분위기의 대화를 나누는지 통 알 수가 없다. 서로 무표정하게 바라본 상태에서 별다른 액션 없이 대화를 나눈다. 반대로 여자끼리 대화하는 경우엔 멀리서 표정과 행동만 바라봐도 대략적으로 어떤 분위기인지 파악이 가능하다. 그만큼 여자에 비해 남자는 감정에 따라 표정이나 행동 변화가 많지 않다. 다른 말로 하면 무관심해 보이기 쉽다. 아내 입장에서는 아이에 대한 상의를 해도 기대하는 만큼의 격한 반응이 아니기에 무관심하다고 오해하기 일쑤다.

해결하지 못할 문제는 무관심한 척 회피하는 것이 남자다

더욱 근본적인 원인은 수렵시대까지 거슬러 올라간다. 남자는 밖에서 사냥을 해야 했고 여자는 집에서 육아와 가사를 해야 했다. 아이를 키워본 사람은 다 알지만 아이를 돌보려면 아이의 표정에도 민감하고 자신의 표정도 정확하게 표현해야 한다. 아이는 엄마가 반응하는 표정을 보고 자신의 생각과 감정의 정당성을 판단한다. 표정이 적절하지 않으면 아이가 오해를 하기 때문이다.

하지만 사냥을 하는 남자의 입장에서는 사냥 대상의 감정을 신경 쓸 필요가 전혀 없고, 동물을 공격해서 잡아오면 그만이다. 오히려 상대의 감정을 헤아리다보면 목표를 달성하지 못한다. 잡느냐 못 잡느냐 그 결과만 중요할 뿐이다. 그래서 남자는 문제 해결 중심의 생각을 한다.

육아와 관련된 문제는 문제를 해결하기보다는 그저 생각과 감정을 공유하기 위한 내용이 많다. 육아는 답이 정확하게 떨어지지 않는 경우가 많기 때문이다. 해결 중심인 남자에게 답이 명확하지 않는 문제는, 그것에 대한 접근 자체를 꺼리게 만든다. '회피'라는 방어기제를 사용하는 것이다.

육아뿐 아니라 부부관계 역시 피하게 된다

육아 문제뿐 아니라 경제적 문제, 시월드 문제 등 대부분 부부간에 상의해야 할 내용들은 명확한 해결방안이 없는 경우가 많다. 그래서 명절 직후 아내는 시월드와의 만남 이후 불편했던 감정에 대해 이야기를 시작하지만, 이야기를 꺼내기도 전에 남편들은 "됐어"라고 말을 끊는다. 아내 입장에서는 그저 공감받고 싶어 꺼낸 이야기인데 남편의 입장에서는 자신이 어떻게든 해결해야 한다는 압박감 때문에 회피하는 것이다.

이처럼 남자는 어차피 해결하지 못할 일이니 피하고, 여자는 그저 공감을 받고 싶었는데 그마저 거절을 당했다는 느낌 때문에 상처를 받는다. 그렇게 상처받은 마음을 고스란히 쌓아둔 채로 공감받지 못하는 갈등 상황이 되면, 이전 것까지 모두 합쳐 남편에게 쏟아내게 된다. 그러면 남편 입장에서는 어차피 해결하지 못할 문제들이기에 많은 시간을 할애해 대화하는 자체가 반복되는 것이 힘들다.

남편 입장에서 더 큰 문제는 그 시간 동안 감정적으로 흥분해 있는 아내를 상대해야 한다는 점이다. 결국 남편들은 미리부터 그러한 상황을 피한다. 한 리서치 결과 남편이 가장 두려워하는 아내의 한마디는, '당신 나랑 잠깐 얘기 좀 해'라고 한다. 전형적인 '회피형 남편-추적형 아내'의 부부관계 유형이다.

육아 문제를 이야기할 때 한번 물러서서 생각하자

해결하지 못할 것을 아는 남자는 피하고, 공감받지 못한 여자는 따라가고, 따라오니까 더 도망가고, 도망가니까 더 따라가는 악순환의 고리가 많은 가정에서 반복된다. 어떻게 하면 이 악순환의 고리를 끊을 수 있을까?

답은 간단하면서도 쉽지는 않은데, 악순환의 고리 자체를 공공의 적으로 만드는 것이다. 해결하기 힘들어 피하는 것은 남자의 본능이고, 공감받지 못하면 그 상처를 분노로 바꾸면서 더 쫓아가는 것 역시 여자의 본능이다. 관계 개선을 위해 본능을 억누르려고 애쓰다보면 오히려 실망하고, 결국은 성격 차이로 인한 문제라고 단정 짓고 섣불리 가정을 깨뜨리는 경우까지 생긴다.

남편이든 아내든 배우자와의 정서적 유대감을 원한다. 그렇지 않았다면 결혼을 하지 않았을 것이다. 그나마 가정을 유지하기 위한 본능적인 해결책이 아내는 쫓아가고 남편은 도망가는 것이다. 둘 다 가정을 지키기 위한 목적인데, 다만 방식이 다를 뿐이다. 그러므로 먼저 상대방의 본능과 스스로의 본능을 이해하고, 두 사람 사이를 연결하는 고리 자체를 문제시해야 한다. 도망가고 따라가는 것 자체가 문제가 아니라 서로 고리로 묶여 있다는 상황 자체가 문제라는 것을 인식해야 한다.

아내 입장에서는 아이에게 무관심해 보이는 이면에 아이를 키우는 나에게도 무관심한 건 아닐까란 생각으로 이어져 상처가 되기도 한다. 상처가 쌓이다보면 분노가 느껴지고, 남편들은 부정적인 감정 자체를 보이면 시작부터 거부감을 갖는다. 결과적으로 관심 좀 가져달라고 닦달하며 쫓아가는 것은, 오히려 회피라는 역효과만 불러올 뿐이다.

이럴 땐 서로 조금은 물러서는 게 도움이 된다. 한번 물러섰다가 영원히 멀어질까 염려할 필요도 없다. 부부는 보이지 않는 고리로 연결되어 있다. 그러므로 그 상황을 이용해 2보 전진을 위한 1보 후퇴의 작전을 써보자. 연애 때에 효과적이던 이 방법은 결혼 후에도 역시 효과적이다. 부부 모두 유대관계를 유지하고 가정을 지키고자 하는 마음은 같다. 서로 그 방식이 반대라서 악순환되었을 뿐이다.

그 점을 이해한 후엔 배우자의 행동 이면에 있는 마음을 바라보자. 남편이 핑계 대며 도망가는 건, 나를 거부하는 게 아니라 나 외의 유대감에 상처를 입지 않기 위해서이다. 아내가 잔소리하며 쫓아오는 것은 바가지 긁는 게 아니라 나와의 유대감에 상처를 입지 않기 위해서이다.

상대의 마음을 이해했으면 악순환을 일으키는 내 자신의 마음을 이해하고 행동 패턴을 조절해보자. 쫓아가지 않으면 큰일 날 것 같은 생각이 드는 것은 가정이 깨질까 봐 두려운 마음 때문이고, 도망가지 않으면 안 될 것 같은 생각이 드는 것 역시 유대관계가 훼손될까 봐 두려운 마음 때문이다.

내 마음이 이해가 되었으면 아내는 조금만 덜 쫓아가보고, 남편은 조금만 덜 도망가려는 노력을 하면 된다. 아주 약간만 덜해도 악순환이 일어났던 것과 마찬가지로 선순환이 일어날 것이다.

"남편이든 아내든 배우자와의

정서적 유대감을 원한다.

그렇지 않았다면 결혼을 하지 않았을 것이다.

그나마 가정을 유지하기 위한 본능적인 해결책이

아내는 쫓아가고 남편은 도망가는 것이다.

둘 다 가정을 지키기 위한 목적인데,

다만 방식이 다를 뿐이다."

아빠가
육아할 수 있는
기회를 만들자

엄마 없는 시간이 아빠가 육아를 잘하는 기회

보통 운전면허 시험을 치르고 나면 면허증을 받고 나서 사설 기관에서 연수를 받든, 지인에게 추가 교육을 받든 누군가를 옆에 태우고 실전 운전을 조심스럽게 시작한다. 그러다가 어느 정도 운전에 익숙해진 것 같아서 혼자 운전대를 잡고 출발하면 그때부터 본격적으로 긴장감이 고조되면서 집중력은 최고치를 달성하는데, 바로 그 시간을 통해 운전 실력이 수직상승하게 된다.

아빠가 육아를 잘하게 되는 일도 마찬가지다. 대부분은 엄마 없는 시간에 아빠의 육아 실력이 발전한다. 나는 육아와 관련된 이런저런 아빠 모임을 통해, 전업아빠가 아니어도 육아에 열심인 아빠들을 많이 만난다. 육아에 열심인 아빠들이라 하면 보통 아빠보다 자상할 것 같고, 원래 아이를 좋아했을 것 같지만 내가 만나본 아빠들의 공통점은 없었다. 의외로 엄마들의 공통점이 있었는데, 그건 바로 엄마가 바쁘거나 아프다는 점이다. 보통 아빠였으면 엄마 없이 아빠가 아이와 함께 보내는 시간이 특별한 계기 없이는 쉽게 만들어지지 않는다. 하지만 엄마가 바쁘거나 아픈 상태와 같은 어쩔 수 없는 상황에서는 아빠와 아이가 단둘이 시간을 보낼 기회가 생긴다. 그런 기회를 통해서 자연스럽게 아이를 하루 이상 스스로 케어할 수 있는 능력이 생기게 된다.

아빠 육아의 최대 적은 엄마의 불안감

아빠가 아이와 단둘이 지내는 시간은 역설적이지만 아빠가 아닌 엄마의 선택에 달렸다. KBS 프로그램 <슈퍼맨이 돌아왔다>에서도 프로그램 초창기에 엄마들이 아빠에게 아이를 맡기는 것을 참 힘들어한 모습을 보여줬다. 몇 시간 아이를 맡기기에도 큰 결단이 필요할 텐데, 자그마치 48시간이나 아이를 맡기자니 불안하지 않다면 오히려 그것이 이상할지도 모르겠다.

전문가들의 공통된 의견인 아빠 육아의 최내의 적은 엄마의 불인감이라는 말처럼, 엄마가 그 순간을 극복하지 못하면 아빠에게는 아이와 친해질 기회가 좀처럼 오지 않고 아빠 육아도 그만큼 멀어지게 된다.

아빠에게 아이를 맡기면 하루 종일 군것질만 시키고 TV만 보여주기 때문에 엄마 입장에서는 못미더운 건 사실이다. 일주일 내내 노력해서 겨우 만들어놓은 아이의 생활습관을 하루만에 허물어버리니 차라리 안 맡기는 게 나은 것처럼 여겨지기도 한다.

하지만 처음부터 잘하는 사람이 어디 있는가. 비록 마음에 썩 들진 않아도 아빠에게 아이를 맡기고 잔소리를 최소화하고 최대한 격려하다보면, 아빠도 아이와 친해지고 아이에게 필요한 것이 무엇인지에 관심을 가지면서 스스로 아이와 보내는 시간의 질을 높이기 위해 노력할 수 있다. 그러다보면 군것질만 시키던 모습에서 아이를 위해 좋은 음식을 찾고, 심지어 아이를 위해 요리를 하기도 한다. 아빠도 부모이고 자식을 잘 키우고 싶은 마음이 있다는 것을, 엄마 스스로 인정하고 불안감을 내려놓고 조금 기다려줄 수 있는 지혜가 필요하다.

아빠도 사람이다

최근 점점 더 아빠 육아가 대세가 되어가기 때문일까, 어느덧 슈퍼우먼을 요구하던 시대는 가고 슈퍼맨을 요구하는 시대가 되었다. 아빠는 돈도 벌고 아이도 잘 돌봐야 하는 것이다. 아빠가 육아에 많이 관여할수록 아이에게 미치는 좋은 영향을 "아빠 효과"라고 하고, 서양에서는 30여년, 국내에서는 10여년 전부터 연구가 활발히 진행되고 있다. 아빠 효과는 사회성, 자존감, 신체적 건강, 긍정적 사고, 정서발달, 지능 등 좋은 점들이 수두룩하고, 앞으로도 연구가 계속되면서 더 많은 부분들이 밝혀질 것으로 예상된다.

굳이 이러한 이유가 아니더라도 아빠가 육아에 많이 관여하면 그만큼 엄마는 육아 일상에 지친 몸과 마음을 재충전할 수 있는 여유가 생긴다. 하지만 아이에게 좋고 엄마에게 좋다고 무조건 육아에도 힘써달라고 요구하는 것은, 기성세대보다 많이 일하고도 늘 경제적 압박감에 시달려야 하는 요즘 아빠들에겐 너무도 가혹하다. 아빠도 사람이기 때문이다.

엄마의 당당한 태도가 아빠를 움직인다

미국 세톤힐대학교 쏜 교수 등의 연구에서 현대사회에 바람직한 남편은 가사 및 육아 활동이 많고 가족과 많은 시간을 보내며 아내와 감정 타협이 조화롭다고 했다. 그런데 이러한 남편의 아내들은 특별하게 고마움을 표현하지 않았는데, 고맙지 않아서가 아니라 동등하게 육아해야 한다는 인식이 있기 때문이다. 엄마의 당당한 태도가 오히려 아빠를 움직이게 하는 것이다.

아빠 육아가 아이에게 좋고 엄마에게 좋다고 백날 애원하듯, 또는 기회를 엿보다 이야기해봤자 아빠에게는 부담스럽고 피하고 싶은 것이 사실이다. 하지만 아빠들이 육아를 함께해야 하는 중요한 이유는 바로 아빠 육아의 최대 수혜자는 아이도 아니고 엄마도 아니고 바로 아빠라는 점이다.

엄마는 아빠와 육아를 분담할 때에 남 좋은 일 시키듯이 미안해하거나 조심스러울 필요가 없다. 아빠에게 혜택이 가장 크다는 마음을 가지고 육아의 책임을 나누는 것에 당당해야 한다.

결국 아빠 자신을 위한 일이다

일단 아빠들이 아이를 돌보는 일상이 어느 정도 익숙해지면 엄마들은 칭찬을 자주 하게 된다. 남자는 칭찬을 에너지원으로 삼고 사는 동물이고, 그 칭찬은 다른 누구도 아닌 아내로부터일 때 가장 효과적이다. 사회생활을 통해 아무리 칭찬을 들어도 아내의 칭찬 한마디만 못한 경우가 많다. 그만큼 아내가 남편을 칭찬하는 데에 인색해서인지 모르겠지만, 아내의 칭찬이 남편에게 주는 파워는 생각보다 꽤 강력하다.

그리고 아이를 키우다보면 아이의 감정을 헤아리는 것, 나아가 다른 사람 감정을 배려하는 것이 얼마나 중요한지 알게 된다. 이러한 공감 능력은 일반적으로 여성이 남성보다 뛰어나다. 하지만 아빠라고 해서 엄마의 역할을 못하는 것은 아니다. 아이를 끊임없이 관찰하고 아이의 요구를 파악하려고 노력하다보면, 이전까지는 남성의 역할에서 큰 비중이 아니라고 여겨지던 공감 능력이 커진다.

아이들과의 좋은 관계야말로 최고의 노후대책이다

요즘 50~60대 남성들은 참 외로운 것 같다. 가족을 먹여 살리기 위해 젊을 때부터 열심히 일했지만, 일에서 벗어나 여유를 찾으니 자식들은 엄마만 필요한 것처럼 보인다. 가족들이 나의 노고를 알아주기는 하는 것인지 섭섭하기까지 하다.

요즘 시대 아빠들은 전보다 일로부터의 압박감이 결코 적지 않고, 직장에서 보내는 시간 또한 더 많다. 그럼에도 불구하고 일도 열심히 해야 하고 동시에 가정에도 최선을 다해야 하는 이중고에 시달린다. 두 가지 역할을 하느라 힘이 들고 지칠 때마다, 20년 후 가족 내에서 나의 위치가 어떨지 생각해보면 힘을 낼 수밖에 없다. 아이들과의 관계야말로 진정한 정서적 노후 대책이기 때문이다.

굳이 먼 미래까지 내다보지 않더라도 아이와의 긴밀한 유대감을 통해 누리는 기쁨은 아빠가 세상에서 살며 누리는 다른 기쁨과 비교할 수가 없다. 그래서 한번 그 맛을 본 아빠들은 굳이 시키지 않아도 알아서 시간을 내서 아이와 최대한 많은 시간을 보내려 한다.

나 역시도 마찬가지이다. 아이도 엄마도 아닌 아빠 자신을 위해 아빠 육아를 권하는 것이니, 일하느라 힘든 우리 남편 더 힘들게 한다는 등의 괜한 죄책감을 가지지 말고 남편을 육아하는 아빠로 만들자.

모든 엄마 감정을 사랑하자

엄마는 감정노동자

스튜어디스, 백화점 점원, 콜센터 직원 등 서비스에 종사하는 분들을 감정 노동자라고 한다. 이들은 늘 친절한 목소리와 저자세로 손님들을 대한다. 손님 입장에서는 이러한 서비스에 익숙해져서 그리 큰 기쁨을 누리지는 못한다. 오히려 이런 서비스가 충족되지 않으면 실망하고 화를 낸다. 하지만 감정 노동을 하는 입장에서는 자신의 감정을 늘 숨겨야 한다. 때문에 이런 분들의 스트레스는 아주 크다.

그런데 이게 남일 같지가 않다. 바로 요즘 엄마들의 모습이기 때문이다. 요즘 엄마들도 일종의 감정 노동자다. 자신의 감정을 숨기고 서비스 정신으로 아이를 대해야 할 것 같은 강박에 사로잡혀 산다. 그동안 엄마 마음은 병들어간다.

부정적인 감정도 수용할 수 있어야 한다

감정을 억누르고 드러나지 않도록 숨기기엔 엄마들은 너무 복잡한 감정을 경험한다. 객관적인 상황에 비해 더욱 많은 감정을 경험하며 살아간다. 아이와의 일상에서 갈등 상황에 놓이면 매번 지나친 죄책감과 슬픔을 느끼곤 한다. 더구나 이러한 감정이 아이에게 고스란히 전해진다는 생각 때문에 감정을 숨긴다. 그렇게 감정을 느끼지 않는 것에 익숙해진다.

나는 "엄마가 행복해야 아이가 행복하다"는 말을 별로 좋아하지 않는다. 물론 맞는 이야기이지만 엄마들에게는 아이의 행복을 위해서 억지로 부정적인 감정을 행복으로 바꿔치기해야 할 것만 같은 부담감을 주는 말인 것 같다. 엄마로 살다보면 힘들고 외로우며 화가 나는 순간들이 수없이 밀려온다. 그럴 때마다 그 감정을 아이에게 들키지 않아야 한다고 생각한다면? 그 또한 강박이 될 것이다.

숨기고 차단한다고 해서 감정은 없어지지 않는다. 쌓아두면 오히려 엉뚱한 곳에서 폭발해버린다. 그렇게 된다면 엄마의 감정을 두 번 죽이는 것이다. 부정적인 감정은 재빨리 없애버려야만 하는 나쁜 감정이 아니다. 오히려 부정적인 감정이 들 때에 그 감정을 충분히 헤아려야 긍정적인 감정으로 바뀐 후에도 그 감정을 제대로 누릴 수 있다. 감정은 자기 자신과 소통해야만 진짜 부정적인 행동으로 이어지는 힘을 잃는다.

엄마의 감정이 아이에게 미치는 영향

엄마가 말로 아이에게 무엇인가를 이해시켜주기 전부터 아이의 감정은 스스로 작동한다. 생후 6개월뿐이 안 된 어린 아이도 자신이 이룬 성취에는 자부심이, 하지 못한 행동에 대해서는 수치라는 사회적 감정을 경험한다. 이렇게 자부심과 수치라는 도덕적 감정에 의해 조절되는 사회적 감정은 자신이 남에게 어떻게 받아들여지는지 추정하게 해주기 때문에, 앞으로 살면서 맞이할 수많은 인간관계의 기초가 된다.

그러므로 엄마로서 설명, 해석, 가르침보다 먼저 해야 할 일은 아이의 충동과 느낌에 대한 진정한 상호적 교감이다. 아이가 느끼는 감정은 아이에게는 타당하다. 그런데 아이는 자신이 느끼는 감정의 타당성을 상당 부분 엄마의 반응으로부터 유추한다. 그러므로 아이의 감정에 진정으로 상호교감 하려면 엄마 스스로의 감정에도 진정성 있게 접근해야 한다.

해결되지 않은 엄마의 감정은 말투 및 표정 변화로 이어진다. 그리고 아이들은 부모의 변화에 아주 민감하다. 엄마의 부적절한 반응을 보고 자기 감정이 타당하지 않다는 느낌을 자주 가지면, 뭔가 잘못되었다고 생각해 자기 감정에 대한 확신을 가지지 못한다. 자기 감정을 신뢰하지 못하는 것은 자신을 신뢰하지 못하는 것으로 이어진다.

엄마의 감정을 헤아리기 위한 솔루션!

1. 아이의 감정을 헤아리기 전에 엄마의 감정을 먼저 봐라!

엄마는 아이를 대할 때마다 수시로 스스로의 감정을 돌아보는 것이 좋다. 그 이후에 아이에게 보이는 내 감정도 추정해 봐야 한다. 내 감정은 다 풀렸어도 표정은 아직 풀리지 않았을 수가 있다. 대인관계에서 흔히 생기는 이러한 과정이 아이와의 관계에 있어서는 더 자주 반복된다. 나의 감정을 객관적으로 파악하기 위해서는 거울을 보는 것도 좋은 방법이다. 아이의 말과 행동에서 감정을 파악할 수 있는 것은 엄마의 감정 상태가 안정적일 때의 이야기이다. 예를 들어, 엄마의 감정 상태가 우울하다면 아이의 말과 행동을 기초로 그 감정을 판단할 때에도 부정적인 방향으로 여겨질 수밖에 없다. 아이에게서 보이는 감정에서 내 감정 상태를 빼야 진짜 아이의 감정에 가까워지는 것이다. 그러므로 가능하면 자주 엄마의 감정 상태를 점검해봐야 한다.

2. 생각과 감정을 구분하자!

감정을 헤아리기 위해서는 생각과 감정을 구분할 줄 알아야 한다. 언뜻 보면 쉬운 것 같지만 상담을 해보면 많은 이들이 잘 하지 못하는 경우가 많다. 예를 들어, 아이에 대해 객관적인 평가를 해주고 조언을 해주는 친구를 만나기로 했는데, 만나기 직전에 왠지 가기 싫어진 상황이 있다. 어떤 감정이 들었냐고 물으면 가고 싶은 기분이 아니라고 말한다. 하지만 그것은 가고 싶지 않다는 자신의 생각을 표현했을 뿐이다. 그때 느껴지는 감정은 아마도 불안한 감정일 것이다. 아마도 '그 친구가 우리 아이에 대해 부정적인 말을 할 거야'라는 생각을 했을 것이고, 그 생각이 불안하고 우울하게 만들었을 것이다. 이렇게 생각과 감정을 구분해보자.

그런데 어떤 사람들은 감정을 표현하는 어휘가 상대적으로 빈약하고, 특이한 감정을 명명하는 데에 어려움을 겪는다. 그저 이상한 불편한 감정이라고 표현하기는 쉽다. 명명이 되지 않는다면 다음과 같은 부정적인 감정의 목록을 한번 훑어보는 것도 좋다.

슬프다, 가라앉는다, 외롭다, 불행하다, 불안하다, 걱정된다, 두렵다, 무섭다, 긴장된다, 화난다, 미치겠다, 자극받는다, 성질난다, 부끄럽다, 당황스럽다, 창피하다, 실망한다, 질투가 난다, 시기한다, 죄책감을 느낀다, 상처받는다, 의심스럽다 등등.

감정을 구분했으면 그 감정을 정량화하는 것도 도움이 된다. 어떤 사람은 감정 자체에 대해서도 극단적인 생각을 가지고 있는데, 조금만 불쾌한 감정을 느껴도 그것이 점점 커져서 견딜 수 없을 것이라고 믿는다. 하지만 그 정도를 측정하는 것을 자주 해보면 자신의 감정에 대한 믿음이 맞는지 검증해보고 예측하는 데에도 도움이 된다. 정량화하는 한 가지 예는, 전혀 슬프지 않다가 0점, 어느 정도 슬프다가 5점, 상상할 수 있는 최대로 슬프다가 10점처럼 매겨보는 것이다.

3. 자기의 감정을 받아들이자!

마음챙김 명상이 최신 치료법으로 주목받고 있다. 이는 우울, 불안, 무기력, 분노 등에 빠진 자신의 감정 상태를 지각하고, 객관적으로 바라보고 그것을 받아들이도록 명상 기법을 이용하는 것이다. 부정적으로 느껴지는 감정을 없애려고 노력하는 것이 아니라, 자신의 감정 문제를 충분히 알아차리고 받아들임으로써 감정 문제를 내려놓는 원리이다. 이는 엄마들이 겪는 산후 우울증 치료에도 효과적이다. 미국 콜로라도대학교 심리학과, 신경과학과의 소나 디미지안 교수팀이 이전에 산후우울증을 겪었던 산모들에게 출산 후 6개월 동안 마음챙김 명상 치료를 했더니, 출산 전보다 우울감이 줄었고 우울증 재발도 40퍼센트가 줄었다고 한다. 엄마의 감정을 있는 그대로 받아들여보자.

모든 엄마 감정을 사랑하자

프롤로그에서 좋은 엄마가 되기 위해서는 아이를 사랑하는 것만큼 엄마 스스로를 사랑해야 한다고 했다. 좀 더 정확히 말하자면 엄마 스스로를 사랑하는 만큼 아이를 사랑할 수 있다. 아이를 키우면서 상대적으로 홀대받아 잊히고 있는 엄마만의 감정들을 발견하고 스스로 공감해주는 것, 이보다 더 엄마 자신을 사랑해주는 법은 없다. 엄마인 당신이 느끼는 모든 감정은 당신의 입장에서 100프로 타당하다. 그러니 이제부터 마음껏 그 감정을 누려보자.

엄마니까 느끼는 감정

초판 1쇄 발행 2020년 5월 8일
초판 4쇄 발행 2022년 6월 30일

지은이 정우열

펴낸이 박세현
펴낸곳 서랍의 날씨

기획 위원 김정대 김종선 김옥림
기획 편집 윤수진 김상희
디자인 이새봄
마케팅 전창열

주소 (우)14557 경기도 부천시 조마루로 385번길 92 부천테크노밸리유1센터 1110호
전화 070-8821-4312 | **팩스** 02-6008-4318
이메일 fandombooks@naver.com
블로그 http://blog.naver.com/fandombooks

출판등록 2009년 7월 9일(제386-251002009000081호)

ISBN 979-11-6169-114-5 (03590)

* 이 책은 저작권법에 따라 보호받는 저작물이므로 무단전재와 무단복제를 금지하며,
　이 책 내용의 전부 또는 일부를 이용하려면 반드시 출판사 동의를 받아야 합니다.
* 책값은 뒤표지에 있습니다.
* 잘못된 책은 구입처에서 바꿔드립니다.

서랍의날씨는 팬덤북스의 가정/육아, 에세이 브랜드입니다.

"당신은 충분히 좋은 엄마 Good-enough mother"

-도날드 위니콧Donald Winnicott